不负梦想
永不言败

带着梦想奔跑，活出自己最好的状态

胡江伟◎著

中华工商联合出版社

图书在版编目(CIP)数据

不负梦想　永不言败 / 胡江伟著. —北京：中华工商联合出版社，2022.7
ISBN 978-7-5158-3472-6

Ⅰ.①不… Ⅱ.①胡… Ⅲ.①成功心理–青年读物 Ⅳ.①B848.4-49

中国版本图书馆CIP数据核字（2022）第097870号

不负梦想　永不言败

| 作　　者：胡江伟 |
| 出 品 人：李　梁 |
| 责任编辑：胡小英　楼燕青 |
| 装帧设计：王玉美　王　俊 |
| 排版设计：水日方设计 |
| 责任审读：付德华 |
| 责任印制：迈致红 |
| 出版发行：中华工商联合出版社有限责任公司 |
| 印　　刷：北京毅峰迅捷印刷有限公司 |
| 版　　次：2022年9月第1版 |
| 印　　次：2022年9月第1次印刷 |
| 开　　本：710mm×1020mm　1/16 |
| 字　　数：150千字 |
| 印　　张：12.5 |
| 书　　号：ISBN 978-7-5158-3472-6 |
| 定　　价：48.00元 |

服务热线：010-58301130-0（前台）
销售热线：010-58302977（网店部）
　　　　　010-58302166（门店部）
　　　　　010-58302837（馆配部、新媒体部）
　　　　　010-58302813（团购部）
地址邮编：北京市西城区西环广场A座
　　　　　19-20层，100044
http://www.chgslcbs.cn
投稿热线：010-58302907（总编室）
投稿邮箱：1621239583@qq.com

工商联版图书
版权所有　侵权必究

凡本社图书出现印装质量问题，请与印务部联系。
联系电话：010-58302915

自序 Preface

每一个人来到这个世界上都期望被人欣赏、被人认可、前途顺畅；都渴望出人头地，受人尊敬！尤其是在异乡打拼的漂泊者，每个人都梦想有一天能光宗耀祖、荣归故里……

从小，父母便告诉我：有志不在年高，生命不在长短，要活得精彩，问心无愧。然而，青春易逝，一生不过短短数十载，怎样才算活得精彩？

一直以来，我都在苦苦寻求答案：问前辈，问良师，也问自己。

依稀记得，我上小学时的一位恩师谈起过人生有三重境界，即看山是山，看水是水；看山不是山，看水不是水；看山还是山，看水还是水！对于尚处在"初重境界"的我听来，只觉懵懂，还天真地想：山就是山，水就是水啊，为啥还会变了呢？光阴似箭，当年和我分享这段话的老师早已不在人世，可猛然间回忆起当时的情景，才觉得意味深长！

之所以萌生写一本关于梦想类书籍的念头，还要追溯到2008年春节前夕，我第一次决定踏上深圳这片热土的时候。当时正好赶上全球金融危机，企业裁员，一岗难求。看着身边很多为了找一份工作不断努力的同学朋友们，一个念头忽然闪现在我的脑海里：茫茫人海，每个人一生的忙碌都是为了什么？而我是谁？以后会怎么活？今天在一起奔波的伙伴，未来大家的归宿又会在哪儿？最终，我又能为这个世界留下什么呢……

直到多年以后，在我的一次培训课程上，我问学员："什么才是自信的人生？假如你觉得自己是一个非常自信的人，请举手！"结果，现场有超过70%的人举起了手，有些人举手时还有点犹豫。我接着问道："能清楚、准确地说出让自己如此自信的来源的人，请再举手！"这一次，举手的人不及第一次的一半。于是，我对这次举手的人开始抽问，得到的答案可谓五花八门：有人说是因为工作好，有人说是因为家庭好，有人则觉得自己与同龄人相比好像也没缺少什么……总结这些答案的共同之处就是：因为拥有了这些外在的物质条件，让他们获得了自信与安全感。于是，我又问道："人生有起有落，生命原本无常，谁也不知道意外和明天哪个先来。假如有一天你的事业失败了，婚姻也失败了，再假如你不仅没了钱，还欠着朋友和银行的钱……在这种情况下，觉得自己依然会有自信并能说出自信来源的人，还有多少？"这次，几乎没有人举手了。过了一会儿，有个学员开始小声嘀咕："老师，这些问题我都没有细细思考过呢……"由此，我们可以想象：如果一个人的自信与安全感来自是外界而非自身，那当他们突发意外时，相信绝大部分的人是没有做好心理准备的！

于是，我将自己数十年来经历过的印象最深的所见所学、所得所失、所悟所感分享出来，唯盼通过深度的剖析，为所有曾经像我一样激情过、迷茫过、伤心过、感动过、失去过也得到过,却还依然继续奋斗向前的朋友们提供一定的力量!愿正在职场打拼的你在读完这本书后,能不断地去审视与超越自我,勇敢探寻生命的更高意义,从而成为更好的自己!

目录 Contents

第一章
美好的人生始于美好的梦想

用梦想定义自己未来的人牛 // 002

无梦想不青春,无奋斗不远航 // 006

有梦想,谁都可以了不起 // 009

梦想有多大,人生就有多辉煌 // 013

第二章
带着梦想奔跑,活出自己最好的状态

成功是"拼"出来的,不是"想"出来的 // 018

必须很努力,才能遇上好运气 // 022

让你的努力配上自己的梦想 // 027

追梦路上,你走的每一步都算数 // 031

朝着梦想奔跑,才能遇见幸福 // 034

第三章
梦想不分早晚

别把年龄太当回事 // 038

不忘初心,做最好的自己 // 042

起点不是重点,重点是最后抵达的终点 // 047

梦想不在于何时拥有,而在于何时开始 // 050

第四章
用豪情挥洒梦想,用拼搏写下辉煌

没有翅膀,那就努力奔跑 // 056

有激情,梦想才有希望 // 060

为梦想痴狂,不疯魔,不成活 // 065

怀揣热忱,人生才会流光溢彩 // 069

改变内心的能量,一切都变得简单 // 073

第五章
敢折腾的人才更能获得成功的青睐

为了梦想,拼尽全力又何妨 // 080

顽强拼搏的追梦人都能被世界温柔以待 // 084

逐梦路上,不惧怕嘲笑 // 088

偏执一点会收获不一样的惊喜 // 093

第六章
坚持终将让你邂逅成功

耐心做透一件事,才会出现奇迹 // 098

熬过今天和明天,未来的人生繁花似锦 // 102

不放弃就有机会成功 // 106

成功需要坚持,更需要正确地坚持 // 110

对自己狠一点,才能离成功更近一点 // 113

第七章
当门被关上时,要学会给自己画扇窗

一次失败并不意味着天塌下来了 // 118

心存希望,成功自会降临 // 122

打败自己的不是现实,而是自己 // 126

绝路就是最好的出路 // 130

那些不能打败你的,只能让你变得更加强大 // 134

成功更钟情于"一直向上"的人 // 138

第八章
内心强大才能傲视一切

所谓的内心强大,就是敢于坚信自我 // 144

即使心情沮丧也要面朝阳光 // 148

自卑不可怕，可怕的是永远沉溺其中 // 152

悦纳自己，才能遇见更好的自己 // 155

走出消极阴影，行动是最好的证明 // 158

错过了太阳，就不要再错过星星 // 162

第九章
人生不设限，一切皆有可能

你的自以为无能，限制了人生的所有可能 // 168

越努力越幸运，越奋斗越幸福 // 172

学习是不断提升自我价值的阶梯 // 176

反思的深度，决定你的认知高度 // 180

每个超越极限的人都能站上人生巅峰 // 184

第一章
Chapter 01

美好的人生始于美好的梦想

人人都向往美好的人生。然而,要想收获美好的人生,往往需要先有一个美好的梦想,然后带着勇气、信心,循着梦想一路奔跑。因此,为了能够收获灿烂的人生,为了能够赢得辉煌的事业,为自己造梦吧。

用梦想定义自己未来的人生

"人生"是什么意思？简单理解就是：一个人生下来就要懂得如何生活。然而，很多时候，我们会发现，当我们走在人生的岔路口时，我们的内心一片迷茫，不知道该何去何从。

谁的青春不迷茫？关键在于如何解决。别忘了我们还有梦想，我们需要懂得如何让自己慢下来，如何用梦想来定义自己的人生。

有梦想的人，就有前行的方向。梦想就像是大海上闪烁着希望之光的灯塔，指引着每个在黑暗中摸索前行的人。

莱特兄弟从小就对机械装配和飞行有着浓厚的兴趣。一天，兄弟二人跟着父亲在草原上替别人放牧，当他们赶着羊群来到一个山坡上时，一群大雁排成"人"字形正好从他们头顶飞过。这时，弟弟奥维尔望着大雁，问道："父亲，大雁要飞往哪里呢？"父亲说："它们要去一个温暖的地方安家，度过这个寒冷的冬天。"哥哥威尔伯望着已经远去的大雁，羡慕地说道："要是我能像大雁一样飞起来就好了。"弟弟奥维尔也说："要是能做一只会飞的大雁，在天空中自由自在地飞翔该有多好啊！"

父亲并没有嘲笑孩子们"异想天开"的想法，而是理解地说道："只要你们想，你们也能飞起来。"莱特兄弟俩试着张开双臂，做了一个飞的姿势，但并没有成功。但父亲肯定地说："没什么，只要你们不断努力，将来一定能飞起来，去你们想去的地方。"莱特兄弟牢记着父亲的话，一直为梦想而努力。直到有一天，他们发明的东西成功地飞了起来，而这个可以在天空中飞的物体就是最早的飞机。

莱特兄弟的成功，并不是偶然，而是在梦想力量的驱使下，最终将不可能变成可能。正如西方的一句谚语："如果你不知道自己要去哪儿，那么通常你哪儿也去不了。"的确，有梦想，人生才有希望；有梦想，人生才有方向。人有梦想才会有追求，拥有什么样的梦想，就能收获什么样的人生。

人活着，要么轰轰烈烈为自己的梦想大干一场，要么庸庸碌碌苟活此生。可是，谁会甘愿沦为后者呢？没有梦想的人生，犹如一棵枯树，又如何能福荫他人呢？

《战狼2》这部影片，票房一度收获50多亿元人民币，打破了国产影片的票房纪录，一度成为史上观影人次最高的影片。而吴京作为这部影片的导演兼演员，则成为影视领域炙手可热的"红人"。

吴京能够收获成功，是因为其早年就怀揣着一个伟大的影视梦，即拍摄出一部能够反映中国军人本色的电影，让全世界看到中国的强大。

拍摄经费紧缺，吴京就抵押了自己的别墅；为了拍摄效果的真实性，吴京远赴艰苦的非洲进行实地拍摄。在经历了抢劫、危险不断等重重困难之后，一部动作大片终于锻造出炉。

在影片中，吴京那坚毅的眼神、果敢的性格、阳光的笑容，向全世界展现出了中国硬汉的风采。尤其是在胳膊上绑红旗的那一帧，永远刻在了广大国人的心中，也着实让全世界对中国有了一个全新的认识，对中国的强大钦佩不已。

人们常说："没有梦想的人生是苍白的。"吴京用最初的梦想定义了自己未来的人生，用梦想书写了自己辉煌的人生，更为祖国赢得了掌声。

三毛曾说过："一个人至少拥有一个梦想，有一个理由去坚强。心若没有栖息的地方，到哪里都在流浪。"的确，有梦想，人生才有前行的动力，才有停歇的港湾，否则穷极一生都找不到自己的追求点和落脚点，看似忙碌却毫无成果。

一个人，拥有梦想，才能在追逐梦想的过程中，让自己的人生褪去最初的黑白色，披上光鲜的色彩，让我们拥有区别于他人的特色，并在庸庸碌碌中脱颖而出。用梦想去定义自己的人生，每个人都会因此而变得与众不同。

无梦想不青春，无奋斗不远航

唐代诗人孟郊有这样一首诗："万事须己运，他得非我贤。青春须早为，岂能长少年。"意思是：任何事情必须自己去实践，别人得到的知识不能代替自己的才能。青春年少时期就应趁早努力，一个人难道能够永远都是少年吗？

很多时候，我们总认为自己还年轻，还有很多青春时光可以放纵，却不懂得青春对于一个人而言的珍贵。而此时，那些同样拥有青春，却在用青春为梦想而奋斗，在一次次跌倒中爬起后继续远航的人，已经在一次次挫折中渐渐长大。他们为了心中的目标燃烧着青春，他们的青春在奋斗中显得更加光彩夺目。当我们真正长大之后，才发现自己的青春一去不复返，才为当初没能好好把握自己的大好时光而感慨、悔恨。

无梦想不青春，无奋斗不远航。

林肯从小家境贫寒，虽然他受教育程度不高，但他从小就看过了诸多的人权不平等，见识到了奴隶制的残酷。自此，林肯在22岁时就梦想着有朝一日能走上美国政坛，将这种奴隶制度彻底瓦解。

林肯23岁时第一次参加议员竞选，结果落选了；24岁时四处借钱经商，却以破产告终；29岁时想成为加州议员的发言人，也没有成功；34岁时参加国会大选，再一次失败；39岁时寻求国会议员连任，结果也没有成功；40岁时在共和党的全国代表大会上争取副总统的提名，最终落选；49岁时再次参选参议院，再次落选；51岁时终于迎来了转机，他成功当选为美国总统。

林肯穷其一生为梦想的实现而不懈努力着，最终借助政坛的力量消除了种族不平等、取消了奴隶制度，而林肯也因此受到了民众的爱戴。

人生能有多少个30年？又有多少人能像林肯一样，穷尽青春去换取梦想，用坚持不懈的意志和拼搏的汗水，酿造出属于自己的美好人生？

青春易逝，作为一个年轻人，一定要将自己的青春用在梦想的刀刃上。

舞蹈家邰丽华，在她两岁的时候发了一场高烧，两耳失聪，从此进入了无声世界。自身的缺陷使得邰丽华很早就悟出了自己和同龄孩子的区别，自强与奋发的幼苗在她心中早早萌发。

在聋哑学校上学期间，邰丽华一直都是品学兼优的好学生。也正是在这段时间，邰丽华养成了自强、自立的好习惯，无论事情大小，只要能做的事情，她都会尽全力去做，而不是总想着依靠他人。后来，邰丽华通过自己的努力，成为湖北美术学院装潢设计系的一名学生。

在一次律动课上，邰丽华通过课堂上老师给出的踏响木地板下的象脚鼓的节奏，感受到了不同的震动感。也正是因为这堂课，邰丽华结合电视节目里舞蹈表演的动作和节奏感，开始喜欢上了舞蹈，并将上台表演定为自己的梦想。

在接受了正规训练之后，她的刻苦与努力，让她成了一名真正的舞者，并与同事一同登台，呈现了精彩的《千手观音》，赢得了观众热烈的掌声。虽然她听不到，但她从观众的鼓掌动作中看到了自己的成功。

很多时候，我们只看到了别人成功实现梦想的辉煌时刻，却不知道在成功背后他们经历了多少艰辛，付出了多少努力。这些秘密，也只有那些实现了梦想的人才能真正体会。

有梦想，就有目标，就有了尽全力为之坚持的动力，就能让自己的人生开花结果。所以，与其羡慕别人，不如像邰丽华那样，努力成为那个被别人羡慕的人。

与宇宙万物相比，人的一生是极其短暂的。因此，我们更应当利用好这短暂的一生来实现自己的人生梦想。只有为梦想坚持过、拼搏过，才不算辜负青春。

有梦想，谁都可以了不起

你是否拥有过梦想？你是否为了自己的梦想而努力过？不论你的梦想是伟大还是渺小，只要有努力的方向，谁都可以变得了不起。

一个人，一旦有了梦想，整个人的灵魂都会变得更加美丽。他知道自己想要什么，该做什么，该朝什么方向去奋斗和拼搏。一个没有梦想的人，不知道自己为什么而活，更不知道自己的人生道路在何方，整日在浑浑噩噩中沉沦下去。这就是有梦想和没有梦想的区别。

提起大梦想家，相信很多人会第一时间想到这位为自由和权利而战的倡导者——马丁·路德·金。他是一位非洲裔美国人。在上大学期间，他就专攻社会学专业，在学习期间，马丁·路德·金还在不断地研究政治家、革命家圣雄甘地在社会改革方面的非暴力策略。

有一天，马丁·路德·金在乘车的时候，亲眼见到一位黑人妇女因为未给白人让座，被判处两年的监禁。看到眼前发生的这一切，马丁·路德·金立志要改变这些不平等的现状。黑人居民为此发起了一场对公共汽车的抵制运动，马丁·路德·金也积极参与其中，因为他在参与抵制运动中的积极表现和突出的组织能力，被众人推举为领头人。马丁·路德·金因此名声大噪。

自此，马丁·路德·金真正地走上了消除种族隔离、种族歧视运动之路。他带领黑人大学生掀起了入座抗议的浪潮，促进了学生非暴力协调委员会的形成；在"华盛顿工作与自由游行"运动中，在林肯纪念馆的台阶上发表了著名的演讲——《我有一个梦想》。

马丁·路德·金用铿锵有力、慷慨激昂的声音喊出了自己的梦想，用自己的实际行动实现了梦想。他带领着黑人争取到了自主的权力和自由，这就是他人生的梦想和追求！也正是因为他的梦想，使得他在1963年成为《时代周刊》的年度人物，便于1964年获得诺贝尔和平奖。

马丁·路德·金将自己的全部身心投入到为自由而战的梦想中，是一个了不起的人物。

所以，每个人都应该拥有自己的梦想，设计自己的梦想，追求自己的梦想，最终实现自己的梦想。梦想是生命的灵魂，是心灵的灯塔，是引导人走向成功的信仰。有了梦想，才使我们的人生有了高度，不论男女老少。有了梦想，才让我们有了人生的方向，有了走向成功的可能。正如俄国作家车尔尼雪夫斯基所说："人的活动如果没有梦想的鼓舞，就会变得空虚而渺小。"

我们该如何成为像马丁·路德·金那样了不起的人呢？

1. 明确自己想要改变什么现状

很多人没有梦想，觉得梦想难寻，其实是因为他们不太了解梦想的真正内涵。什么是梦想？梦想这个词看着虚无缥缈，本质上却是对现状的不满，并想方设法改变这种现状，使其达到理想状态的思想与行为的结合。简单来说，梦想就是打破糟糕的现状，是对美好生活的一种追求。

在深入理解了梦想是什么之后，再来构建自己的梦想就会容易很多。首先，你要明确自己想要改变什么样的现状？生活中遇到的哪些事情是让你感到糟糕和难过的？让这些事情能够朝着好的方向发展，就可以成为你的人生梦想。

2. 寻找有力武器并不断尝试改变

梦想，并不是口头上随便说说就可以实现的，需要我们全心全意为之付出行动。没有实际行动的梦想，只能算作空想和幻想。在尝试改变现状的过程中，我们需要一些有力的武器才能成功达到目的。这些武器概括起来就是八个字：自信、执着、勇敢、坚持。在实现梦想的路上，这四大必备武器，一个都不能少。

陶进出生时就双目失明，但他并没有因此自暴自弃。为了生计，他找了一份盲人按摩的工作。为了培养女儿的艺术绘画细胞，他在送女儿去一家画室学习画画时，发现这里居然还招收盲人学员。此时的陶进也想要试一试，梦想着自己也能成为一名画家。

盲人画画，想想就不容易。陶进在学画的时候，手上、衣服上经常沾满了墨水。更难的是，对于这个世界的任何具象都没有看过一眼的陶进而言，想要画出来更是难比登天。但他并没有因此而退缩，他坚信只要肯努力，自己终能梦想成真。

刚开始的时候，陶进常常拿着各种水果道具、竹子、树叶等物品一摸就是一天。在画大山和大海的时候，他就走进山中，走进海里，通过拍手和海浪对身体的冲击去感受大山的远近与海浪的形象。对于颜料的色彩，陶进是通过闻的方式来予以区别。

功夫不负有心人，在经过20年坚持不懈地磨炼后，陶进的画作先后被送往英国、德国、美国等国展出，一些作品还被中国盲文图书馆收藏。

陶进是一个有梦想的人，更是一个了不起的人。他凭借着自信、执着、勇敢、坚持，让自己走上了人生巅峰。他向世人展示了他的与众不同，用自己的经历鼓舞着与自己有着相同境遇的人重拾生活的信心。

古人有云："世上无难事，只怕有心人。"任何人，任何时候，只要心中有梦想，只要对梦想表现出热情、激情，只要愿意为了梦想付诸行动，终将能在自己的事业和生活中取得比别人更好的成绩，比别人更容易走向成功，成为人们心中那个了不起的人。

梦想有多大，人生就有多辉煌

生活中，我们经常听到这样的抱怨："为什么大家的起跑线一样，自己的人生平平庸庸，而别人却越活越光鲜。"那么，造成这种差距的原因是什么呢？答案有两种，一种是方向不对，另一种是方法不对。

正所谓："方向不对，努力白费；方法不对，坚持太累。"

为何有人认为自己脚下的路坎坷崎岖，而别人脚下的路平坦易行？那是因为你只关心着脚下，却从未抬头看过远方。目光长远者，有远大的梦想，能够为梦想从长计议，最终迎来更加辉煌的人生；目光短浅者，只能着眼于眼前，梦想的宽度和广度也因此受限，最终的成就也是平平无奇。

有时候，人生就像是一个大舞台，梦想就像是一场舞台剧。大舞台没有舞台剧，就是毫无意义的舞台；舞台剧没有舞台来承载，就很难展现出舞台剧的魅力。舞台剧演得有多精彩，大舞台就会表现得有多辉煌。人生因有梦想而辉煌，因追逐梦想而绽放。

人活着，一定要有梦想，即便它有点遥远，但只要心中有目标，在梦想中种下希望的种子就能萌芽，并在汗水与泪水的浇灌下，绽放出最美的花朵。

根据世界卫生组织的数据显示：全球每年感染疟疾的人数达到了5亿，每年死于疟疾的人有110万人。看着每年有如此多的人因为疟疾被死神带走，多年来从事于中西药结合研究的药学家屠呦呦产生了一个梦想，希望能够研发出抗疟疾的药物，以减少全球因疟疾而死亡的人数。

于是，屠呦呦和她的团队开始着手研究这一药物。在整个研究期间，屠呦呦的贡献是最为显著的，她整理了历代医籍，查阅了经典医术、地方药志，四处探访老中医，最终做出了2 000多张资料卡，并从中整理出了一个640多种草药的《抗疟单验方集》，又锁定100多个样本。在此期间，屠呦呦以身试药，大约试了200多种中药，提取方式加起来多达380多种。直至1972年，在钻研了抗疟疾的药物12年之后，屠呦呦才发现了抗疟疾的有效部分，成功提取到了一种无色结晶体——青蒿素。

2011年9月24日，80多岁的屠呦呦登上了2011年度拉斯克医学奖的领奖台，一举斩获临床医学研究奖，该奖项被称为"诺贝尔奖的风向标",是当时中国生物医学界获得的世界级最高奖项。拉斯克奖评审委员会对屠呦呦取得的医学成绩是这样描述的:"屠呦呦是一个靠洞察力、视野和顽强的信念发现了青蒿素的中国女人。"

2015年,诺贝尔生理学或医学奖获奖者名单中,又一次出现了屠呦呦的名字,此时,屠呦呦已经是85岁高龄了。诺贝尔委员会在给屠呦呦的颁奖词中写道:"屠呦呦发现了青蒿素,这种药品有效降低了疟疾患者的死亡率。"屠呦呦也被认为是"对人类福祉的改善是无可估量的"。

屠呦呦在抗疟疾药物研究方面做出了巨大的贡献,也因此让一个原本名不见经传的小小药物研究员站在了历史的舞台上,成为诺贝尔神坛上出色的明星人物,得到了国际的认可。

屠呦呦的梦想是伟大的,她的梦想就是与死神抗衡。这样的梦想是很多人敢想却不敢做的,而屠呦呦却做到了,为全球人做出了巨大的社会贡献,也因此赢得了辉煌的人生。

人生是否精彩,要靠梦想实现的结果来诠释。在梦想实现的过程中,我们为之努力奔跑、奋斗,打起精神,鼓起勇气走好每一步,我们的梦想才能焕发出惊人的力量,给我们原本平淡的人生添上绚丽的一笔。

第二章
Chapter 02

带着梦想奔跑，活出自己最好的状态

> 生命对于每一个人来讲都是短暂的，因此我们要想让自己短暂的生命能够发挥出更大的价值，就要行动起来，给自己设定一个人生梦想，并朝着这个目标努力奔跑。在朝着梦想奔跑的过程中，我们的人生会得到一次次洗礼，心灵也会得到不断地成长，此时的我们已然活出了自己最好的姿态。

成功是"拼"出来的，不是"想"出来的

人们总是说想完成这个目标、那个计划，但时间一天天过去了，这个想法依然只是个想法。一个真正有追求、有梦想的人，总会在自己的人生道路上奋力拼搏，用自己的实际行动为自己拼来不一样的人生。

拼搏体现的是一种进取和抗争的精神，是对自我追求的努力，是对不满现状的抗争。一个安于现状、坐享其成的人，只会坐等机遇的来临。然而，机遇往往更喜欢眷顾那些勇于拼搏的人。要知道，唯有拼搏，我们才有机会走向成功。

在古希腊，有两位女神，一位叫美德女神，另一位叫恶德

女神。

一天，两位女神遇到了宙斯年幼的儿子赫拉克勒斯。这时，恶德女神急忙对赫拉克勒斯说："孩子，跟我走吧！包你有享不完的荣华富贵！无论你想要什么，我都会满足你。"

美德女神微笑着，抚摸着赫拉克勒斯的头说："孩子，跟我走吧！我将教会你如何勇往直前，而你也必将在战胜艰险的过程中变得无比坚强！"

赫拉克勒斯听到两位女神的召唤后，思考了一下，便毅然决然地跟着美德女神走了。后来，他成了战无不胜的英雄。

虽说拼搏不一定能让人成功，但成功一定离不开拼搏。坐享其成是一种恶习，是一种毁灭性的力量，可以把一个人拖垮，甚至让其一事无成。

生活中，谁都想成功，但并不是人人都能取得成功，关键在于"拼搏"二字。有位哲人说过："拼搏的人，常把高山当平地；慵懒的人，却常把平地当高山。在通往彼岸的人生路上，甘心被厄运玩弄的懦夫永远领略不了'会当凌绝顶，一览众山小'的喜悦。"的确，这世上没有无缘无故的成功，也没有无缘无故的失败，成功的喜悦是需要用拼搏来换的。只有一步一个脚印走过去，才能真切地感受到千山万水的广博和厚重；只有努力拼搏过，才能感受到登上顶峰的愉悦和成就。

奥巴马小时候，父母离异。他跟随母亲一起生活。由于自己皮肤黝黑，奥巴马经常被同学嘲笑。为此，奥巴马甚至跟母亲要钱买香皂，想洗掉这一身黑色的皮肤。奥巴马从小就有一个梦想，希望自己能够赢得更多人的尊重。

后来，奥巴马大学毕业后，去了芝加哥黑人社区从事社区服务工作。在这里，他默默工作了三年，更加深刻地体会到了美国底层社会和民众的生活有多么贫困。这更激起了他儿时的梦想。所以，他为这些底层人民代言，争取权益。为了能够更好地投入公共事业，他继续攻读了研究生课程。毕业后，他便开始踏入政坛。在一次"基调演讲"中，奥巴马凭借自己的好口才和激昂的演讲，让美国民众记住了他这张黝黑的面孔。也正是这次轰动美国的演讲，使得他在政界开始崭露头角。他也从伊利诺伊州参议员，一步步晋升为美国联邦参议员，最终当上了美国总统。

奥巴马能够成为美国历史上第一位黑人总统，他的人生经历就是一部活生生的励志片。也正是奥巴马对儿时梦想的执着和拼搏，才让自己收获了辉煌的人生。

奥巴马为了帮助穷苦人民以及像自己一样的黑人能够赢得世人尊重的梦想，用自己的实际行动去拼搏、去奋斗，赢得了人们的敬仰和爱戴，也活出了更好的自己。

一个人最怕的是没有梦想，但如果有梦想，却把其束之高阁，或者整日靠幻想就想将其实现，那简直是痴人说梦。梦想得以成功的前提是对梦想的那份执着，再加上不懈地拼搏。只有拼出来的辉煌，没有想出来的成功。

付出微笑，收获微笑；付出爱，得到爱。世人总是嫉妒旁人好的一面，却忘记了别人拼搏、付出的辛苦。要知道，在这个世界上，没有不劳而获的成功，也没有徒劳的拼搏。

尤其是在当前这个竞争异常激烈的大环境里，对于绝大多数的普通人来讲，任何事情都只能靠自己。纵使没有背景、没有地位、没有金钱、没有人脉，然而这些都不重要，只要我们能保持一颗为梦想不断拼搏的心，即便再艰难、再坎坷、再困惑，成功实现梦想终将指日可待。

必须很努力，才能遇上好运气

人们总是羡慕别人的成功，认为他们的梦想得以实现，靠的是运气。难道能够实现自己的梦想，都是因为运气？纵观那些伟大梦想成就者，无数事例证明他们的成功、好运，都来自自身的不懈努力。

很多时候，我们都以为好运气是上天的恩赐。其实不然。人的命运，看似与运气有关，但说到底，隐藏着的是一个人的付出和努力。只有你足够努力时，才会遇上好运气。

有一个盲人女孩曾说过这样一句话："如果我连做梦都不行、都不敢的话，何谈梦想能够实现？"这个女孩就是登上超级演说家舞台的董丽娜。

董丽娜在上盲人学校的时候还不满10岁，那时候老师告诉她，一定要学好推拿，这是她以后唯一的出路。老师的一番话，让她觉得自己的人生才刚刚开始，却仿佛已经看到了结局。有一天，她得知网上有一家公益机构，可以帮助盲人学习播音主持。虽然当时她对播音主持并不怎么了解，但她却像抓住了一根救命稻草一样，毫不犹豫地踏上了开往北京的列车，开始了自己的寻梦之旅。

在上人生中的第一堂播音主持课时，她被老师的声音深深地吸引住了，她这才知道原来声音可以具有这么大的吸引力。就这样，她爱上了播音，并且拼命去练习。每天除了吃饭睡觉，绝大部分的时间都用在摸着盲文练习每一个字的发音上。

虽然累，但她觉得自己在播音主持上能看到希望。有一次，她参加了一个朗诵比赛，是其中唯一一名盲人选手。一万多名选手中，她获得了第二名的成绩。之后，有一位评委找到她说："我是敬一丹，你想去中央人民广播电台吗？"

中央人民广播电台是多少播音员梦想的地方，她做到了。在这里，她实现了自己的梦想，她的声音传遍了大江南北。

董丽娜能够实现自己的人生梦想，能够有一份人人梦寐以求的播音主持工作，靠的是运气吗？答案显而易见。如果不是靠自己不懈的努力，董丽娜也不会取得第二名的好成绩，不会从众多参赛选手中脱颖而出，也就没有机会遇到敬一丹，不会有进入中央人民广播电台工作的机会。

世界上所有的好运，其实都是努力和付出的结果。人生从来没有白走的路。虽然并不是所有的努力都能得到完美的结局、换来想要的好运，但无论什么事，只要为之真心付出，最终的结果肯定不会太坏。

任何时候，都不要羡慕别人被好运垂青，也不要抱怨自己的运气太差。要知道，这个世界没有突然的成功，没有突然的成名，没有突然的逆袭。你眼里别人取得的成功，收获的好运，背后都是长时间积攒的努力。

美国著名电影明星帕特·奥布瑞恩在成名之前，只是一名名不见经传的话剧演员。表演是他一生的追求和梦想。有一次，他登台参加了一部话剧表演，虽然他对自己信心十足，而且表演得也很好，却并未得到观众的认可。原本剧场里只有不到三分之一的观众，在观看了这场话剧之后，留下来的观众更是寥寥无几。后来，来剧场的观众越来越少，剧团难以为继，只好搬到一家租金廉价的偏僻小剧院。再后来，情况越来越糟糕，给演员们发工资都成了问题。一时间，整个剧团里被一种消极情绪笼罩着，人们对自己的未来感到一片迷茫，也不像之前那样卖力地表演了，甚至有人已经做好了离开剧团的准备。

不论别人如何，帕特·奥布瑞恩的心却从未动摇过。他经常和演员们切磋演出心得，甚至为了把一个角色演到位，和其他演员探讨很久。剧团里，有不少演员嘲笑他说："明天的吃饭问题还不知道有没有着落，谁还有心思探讨这些无聊的问题！"不管别人如何看他,帕特·奥布瑞恩却依旧全身心地投入练习和表演当中。

一天,一位陌生人来观看他们的表演。在表演结束后,那个人站起来对这场表演报以热烈的掌声。原本,大家都以为这是一名普通的观众。没想到,在对方径直走到帕特面前做自我介绍时,帕特才得知他就是大名鼎鼎的电影导演刘易斯·米尔斯顿。刘易斯被帕特的全身心投入和敬业精神所折服,当即便邀请他参演电影《扉页》中的一个角色,而帕特也因为这部电影一举成名,成为深受观众喜爱的电影明星。

帕特·奥布瑞恩无论身处顺境还是逆境,都没有忘记自己的表演梦,也没有停止追逐梦想的脚步。相反,他能用更加努力的行动换来知名导演的赏识,这在别人眼中是求而不得的好运气。虽说,人的命运变幻莫测,在追求梦想的路上任何情况都有可能出现。但实际上,我们所做的每一个决定、迈出的每一步,都是在为明天埋下伏笔。

没有无缘无故的好运气,也没有无缘无故的好结局。无论董丽娜还是帕特·奥布瑞恩,他们能够有好运气遇到名师的指点和重用,只不过是他们比别人更加肯学、更加肯下功夫。试想,如果他们在逆境之时望而却步、自甘堕落,又岂会受到名师的关注和赏识?又岂能快速实现自己的人生梦想?

人生就像掌纹,尽管错终复杂,却始终掌握在自己的手中。没有所谓的"天降运气",真正的运气是人创造的,好运气需要扎实的能力。有实力、能抓牢的,才叫"运";没有实力、抓不住的,只能是空气。实力是要靠自己的不断努力逐渐积累和提升的。追梦的路上，要努力修炼自己的实力，打造属于自己的能力名片，才能赢得自己的人生运气。

让你的努力配上自己的梦想

你有没有过摘水果的经历？当爬上一节节的梯子之后，心里的恐惧也随之增加，然而能够摘到的水果也越来越多。此时，内心的喜悦已经完全战胜了恐惧，这种感觉美妙到无以言表。

其实，一个人的梦想就好比摘到的水果，而付出努力的过程就好比是爬梯子的过程。能够战胜内心的恐惧、全身心向上爬的人才能摘到水果，而且爬得越高，摘到的水果就越多。

是的，决定一个人能摘得多少水果，并不是由梯子的高低、采摘的速度决定的，而是由你努力攀爬的高度决定的。付出的努力越多，成功实现梦想的概率就越大。

查理·芒格说过一句话："想得到一样东西，最可靠的方法就是让自己配得上它。"的确，梦想人人都可以有，但要想将梦想变为现实，还需要用自己的实际行动和努力来换取。然而，梦想的实现，不仅在于能力的大小，还在于努力的程度。一个人的能力虽然有大小之分，但并不意味着梦想只是能力大的人的专利，能力小的人就永远与梦想无关。

一个人即便有梦想，有能力，却没有付出应有的努力，那么他的梦想终究只是停留在"梦"和"想"的阶段，难以成真。实现梦想没有捷径，梦想与努力密不可分，努力是成就人生梦想的最有效途径。

当你的努力能配得上自己的梦想时，你会发现你与梦想越来越近，而且这种感觉就像恋爱一样，幸福至极。

李嘉诚出生于广东潮州市的一个贫穷家庭。在他三岁的时候，父亲不幸去世，这使得原本就贫困的家庭雪上加霜。年幼的李嘉诚非常懂事，他的梦想就是能让全家人过上富裕的生活。作为长子，为了全家人的生计，刚上几个月中学的李嘉诚决定辍学，从此靠自己的努力养家糊口。他人生中的第一份工作是在一家钟表公司打工，后来又进入了一家塑胶厂当推销员。

虽然推销员工作繁忙，但李嘉诚还是利用工作之余到夜校上课，一有空就看书。由于他的勤奋好学、努力上进，不到20岁的李嘉诚便被升为总经理。

有一次，李嘉诚看到报纸上有一则报道，说国外当时正在流行塑料花，他觉得香港也可能会流行塑料花，他认为这是一个巨大的商机。于是，年仅22岁的李嘉诚用自己平时节省下来的7 000

美元积蓄创办了长江塑胶厂。这是他人生梦想的开始。

由于找来的员工都是新手，身为老板的李嘉诚，当起了操作工、技师、设计师、推销员、采购员、会计师、出纳员，还时常蹲守在机器旁监督产品的质量。作为草根创业中的一员，李嘉诚靠着自己的努力，勇往直前。

然而，李嘉诚却认为自己的努力还远远不够。八年后，他购买了一块地皮，正式进军房地产行业。正是因为李嘉诚的不懈努力，使得他梦想成真，而他也在人生最好的时光里赢得了属于自己的辉煌人生。

每个人在成长的过程中，都会经历不同的阶段。在不同阶段，由于我们所学习、掌握的知识、经验的不同，梦想实现的效果也会有所不同。想必李嘉诚在努力拼搏过后，回过头来看着自己走过的每一步路、取得的每一个傲人成绩，内心激荡起的那种感觉，也会有所不同。

很多时候，同样两个人，为了一个相同的梦想而努力。其中一个人每天勤勤恳恳，另一个人三天打鱼两天晒网。最终不同的结果是，一个人取得了成功，而另一个人却遭遇了失败。这并不是因为成功的人运气好，而是成功的人比失败的人付出了更多的努力。所以，像这样的失败者，与其悲叹命运的不公，不如回过头来好好审视自己是否付出了足够多的努力。李嘉诚的人生是一个不断追逐更高梦想的过程，所以他努力到了极致，也创造了一个又一个惊人的奇迹。

在追逐梦想的过程中，几乎很少有人能一次性成功，但失败并不能成为我们不再继续努力的理由，而是表明我们还要继续努力。一次努力不一定成功，但放弃努力，就注定会失败。

这个世界的美好之处在于，只要你肯付出、肯努力，无论以什么样的方式都会收获回报，付出、努力得越多，收获的也将越丰厚。所以，当你越努力，梦想之花才会绽放得越美丽。

因此，如果你在努力了一段时间之后，发现梦想依然离你很遥远，那么请不要抱怨，也不要悲伤。那是因为你的努力还不够，还不能与你的梦想相匹配。朝着梦想的方向继续全力奔跑，成功的曙光就会离你越来越近。

追梦路上，你走的每一步都算数

每一个努力追逐梦想，并在梦想路上成功登顶的人，都会如同超级巨星一样发出耀眼的光芒。

很多人只看到了成功者辉煌、荣耀的一面，却很少有人知道，这是遭遇了无数次困难和挑战，甚至是经历了千百次锤炼之后，最终才取得的成功。

而这些成功的追梦人，他们用亲身经历告诉我们：追梦路上，你走的每一步都算数。

努力追逐梦想，本身就是一件十分有趣且充满挑战的事情。既然有梦想，既然打算要做一个追梦人，何不把自己全部的力量和精力都投入到这件事情上去？不要担心和害怕你的努力会白费，要知道"失败是成功之母"。或许你为了梦想努力迈出了很多步之后，依然没有取得成功，但眼前你所看到的失败只是暂时的。你迈出的每一步都会有意义，只要一直走路、不断奔跑，我们离成功实现梦想就更近了一步。

正所谓："不积跬步，无以至千里；不积小流，无以成江海。"意思是说，千里之路，靠的是一步步的积累；浩瀚的江海，靠的是一条条小河的汇集。在追梦的路上，我们迈出的每一步都在为梦想的实现一点点积累。

经验积累得越多，我们在下一次追梦的过程中，就越能够有效避开很多障碍和陷阱，减少试错成本，加速我们成功开启梦想大门的进程。所以，在追逐梦想的路上，我们应当踏踏实实走好每一步。人生没有白走的路，每一步都算数，它们是我们在追梦过程中不可或缺的基石。

生活中，有的人选择了安逸的生活，因为眼下的稳定生活和工作而沾沾自喜，最终一辈子固步自封，没有任何志向。而有的人则为了自己的梦想走过了不少的路，看过了不少风景，经历了不少的人和事，最终增加了自己的人生阅历，获得了不一样的人生体验。这样的阅历和体验，是那些贪图安逸的人永远也无法获得的。正是因为他们能够大胆迈出自己的脚步，哪怕前路坎坷丛生、危险重重，他们也能一如既往地朝着梦想的方向跑去。

因为，人生从来没有白走的路。

萧然大学时候学的是计算机专业，但毕业后并没有按照既定的计划走上IT之路，而是选择了摄影行业。在工作了一段时间之后，他成了一名出色的摄影师。然而，他并没有将自己的工作仅限于摄影。他还精通各种修图软件，后来还学习了视频拍摄和制作。

很多人并不理解和认同他的行为，说他是闲得没事干。但他却总是付之一笑，不作任何辩解。

萧然平时做任何事情总是最积极的那一个，公司里无论是领导还是同事，他都是能帮就帮，并且总能一丝不苟地超额完成工作。

前段时间，部门做了半年一次的绩效考核后，便给他发了一封升职通知书。

要知道，他们部门有很多资历老、经验丰富的老人都没得到晋升，而他在这个公司才不过三四年。

但是，领导在跟他谈话时说："每个人是怎么样的工作态度，什么样的工作能力，我们其实都是非常清楚的。有时候不说出来，并不代表不知道。你对工作的用心，我们其实都看在眼里。"

这个世界上确实没有白走的路，没有白费的努力。也许此时你没有看到成效，但那只是时间的问题。星光不问赶路人，时光不负有心人。

但凡有梦想的人，往往不做选择题，只是默默无闻地在做证明题。他们用自己的实际行动一步一个脚印地证明着自己的价值。待到有朝一日梦想成真的时候，走过的每一步都是成功的最好印证。

朝着梦想奔跑，才能遇见幸福

有人说：人生有两条路，一条需要用心走，是梦想之路；另一条需要用脚走，是现实之路。心怀梦想的人说："梦想，就在远方。"脚踏实地的人说："路，就在脚下。"

人生只有努力出来的奇迹，没有想出来的幸福；只有走出来的美丽，没有等出来的辉煌。任何时候，只要有梦想，只要朝着梦想努力奔跑，想要的幸福，想要的人生，都将一一呈现在你面前。只要你想，这个世界就会有奇迹。

当然，在向着梦想奔跑的过程中，也许会遇到坎坷，也许会受伤，或许这是追逐梦想路上最难熬的时光，但即便如此，也不要把希望寄托在别人身上，因为梦想只能靠你自己去完成。

尼克·胡哲出生时患有海豹肢症（一种罕见的先天性畸形，患者先天缺手缺脚），这让他的父母一时间无法接受。从小，尼克不能走路，不能拿东西，还要忍受周围人的围观和嘲笑。面对这些，尼克三次动过自杀的念头。好在父母一直在身边陪伴他、安慰他，最终让他放弃了这个念头。

他意识到乐观和悲观完全由内心的感觉所决定，不同的心态决定了不同的人生。因此，他用乐观的心态找到了自己的人生目标，发现了自己的美，从之前一些悲观的想法中完全走了出来，成为一个内心强大的男人。

此后，尼克决定努力活下去，让自己活得更好。他虽然没有健全的四肢，但有一副好口才和一个聪明的大脑。他总会充分挖掘自己身上能够引以为傲的东西来提升自信心，用调侃的方式向人们讲述着自己的经历，尝试着与周围的人做朋友。虽然经常被人排斥、嘲弄，甚至被称为"外星人"，但他已经完全说服自己不在意别人的眼光，并努力让自己的内心平静，使自己充满信心。久而久之，他发现在讲述自己人生经历的过程中，能够给更多的年轻人以及和他一样遭遇不幸的人以积极向上的力量。此后，他的梦想就是成为一个演说家，帮助更多内心不够强大的人重拾信心。

如今，尼克真的做到了。在不懈地努力下，尼克成功拿下了会计和金融企划的双博士学位，还成为享誉五大洲的演说家。

尽管尼克没有完整的四肢，但他用乐观的心态冲破了束缚内心的壁垒，用自己强大的意志力和行动力，朝着自己的梦想不断

第二章　带着梦想奔跑，活出自己最好的状态　035

奔跑，最终创造了幸福的人生。

　　相信随着人生阅历的不断丰富，经验的不断积累，个人发展的不断提升，关于未来的设想也会越来越美好，很多人在人生的不同阶段，内心怀揣的梦想也会有所不同，而且梦想的高度也会逐渐提升。人生就是一个不断创造梦想、追逐梦想、实现梦想的过程。虽然这个过程中可能会充满迷茫、困惑、艰辛，可是当你鼓起勇气，放下忧虑、恐惧，大胆往前走的时候，你就会发现，脚下的路越走越清晰、越走越顺畅，梦想的终点也会离你越来越近。

　　朝着梦想奔跑吧，说不定幸福就在下一个路口等着你。

第三章

Chapter 03

梦想不分早晚

相信，每个志向高远、有所追求的人心中都有一个伟大的梦想。然而，梦想对于每个人来讲都是公平的，只要你不安于现状、奋力拼搏，谁都可以变得了不起。因为梦想不分早晚。

别把年龄太当回事

追求梦想不分早晚,即使年纪再大都来得及,就怕自我放弃!人生只有一次,为梦想努力吧!

有梦想的人,任何时候决定开始去追逐梦想,都是最好的起点。无论什么年龄,只要心里一直有梦想,只要追逐梦想的那颗心始终不变,只要勇敢开始,那么你就获得了成功实现梦想的机会。即使你比别人要晚些时间出发,但只要你肯奋起直追,终将追上他们,甚至超越他们。

有这么一位不畏年龄,却依然为了自己的梦想而不断拼搏的人。

在2018年一场英联邦运动会上,有一位年迈的老人走进了赛场。大家以为这位老人是普通观众，走错了路才来到了这里。因为他的入场方式十分特别，背着双手，走着悠闲的步伐，像极了饭后出来遛弯的大爷。

但是，当这位老人不慌不忙地走到泳池边，做好了跳水准备时，震惊了所有在场的人。

在赛事主持人对比赛选手做介绍的时候，人们才知道，这位大爷名叫乔治·科罗内斯，是一位99岁零11个月、来自澳大利亚的参赛选手。由于他即将满100岁，符合参加百岁组游泳比赛的资格。人们注视着这位大爷，心中已经充满了期待。

在裁判哨吹响之后，只见乔治迅速跃进泳池，奋力向前游去……现场所有的观众热血沸腾，纷纷起立为这位比赛选手加油鼓劲。最终，乔治打破了男子100～104岁年龄组50米自由泳比赛的世界纪录，并且比上一次世界纪录的时间提前了35秒。在得知这一成绩之后，现场所有的观众纷纷起立，向这位老人致敬。

其实，早在十年前，乔治偶然间看到了自己年轻时的照片。这让他想起年轻时的一段往事，当时他就有一个成为职业游泳运动员的梦想。此时的他终于圆了自己的梦想。

乔治用自己的实际行动向我们证明：一个有梦想的人，不要在意起跑的年龄，贵在有一颗奔跑的心。年龄并不能成为追逐梦想的障碍。只要心中有梦想，只要你愿意，无论哪个年龄段都可以随时启航。每个年龄都是实现梦想的最好年龄。

摩西奶奶是普通大众中的一员，她既没有受过太多的教育，也没有显赫的家庭背景。在做自我介绍时，总说自己是"农夫的女儿""工人的妻子""孩子们的母亲"。她是一个普通到不能再普通的人，但她却有一个不普通的人生梦想。

摩西奶奶在很小的时候就梦想着能拥有属于自己的一间书房，梦想着自己能在里面畅快地阅览群书，做自己想做的事情。然而，现实却并没有像她想象中那么美好。摩西奶奶儿时并没有读过太多的书，之后就成了一名农场女佣，在二十几岁的时候就嫁人生子，成了一名典型的家庭主妇。

随着年龄的增长，摩西奶奶因患关节炎，有很多家务事做不了了，于是在她空闲下来的时候，想到自己昔日的那些梦想：漂亮的裙子、向往的书房、田园般的生活……于是，她把这些都画了下来。

本来是想着通过这种方式，留住她记忆中美好的瞬间，但没想到的是，她因为画作出了名，被全世界的人所熟知。在记者采访时，摩西奶奶这样回答："我的确很开心，但开心的并不是因为我的画被卖出去了，而是因为我能够做自己喜欢的事情，这对于我来说才是最重要的。"

在现实生活中，因为"身不由己"的无奈，很多人放弃了实现梦想的机会。直到老了，再回想起来时，才感慨道："我当时也有过这样的梦想，但因为条件有限难以实现，如今虽然条件具备了，但我已经老了。""老"只是懒惰的借口，是你不付诸实际行动的托词。梦想对于任何人来讲都是公平的，不会因为你年少或年老而有所偏重。只要是你想做的事，只要是你发自内心想要实现的梦想，任何时候开始都不会太晚。

梦想的实现，本身就是一个漫长的过程，没有谁的梦想今天着手去做，明天就能实现。所以，只要你不忘初心，只要你梦想的火种没被熄灭，即便间隔十年、二十年，甚至更长时间，只要你肯付诸实际行动，只要你肯坚持下去，人生永远不会有太晚的开始。

不忘初心，做最好的自己

很多人在实现梦想的路上，走着走着就偏离了航向，结果离最初的梦想越走越远。

在实现梦想的道路上，心若改变，你的态度就会跟着改变；态度改变了，你的习惯就会跟着改变；习惯改变了，你的性格就会跟着改变；性格改变了，你的人生就会跟着改变。

古语云："不忘初心，方得始终。"一个人，贵在不忘初心，才能做最好的自己。初心，就是在人生的起点所许下的梦想，给人一种积极进取的状态。

苹果创始人乔布斯说过："创造的秘密就在于初学者的心态。初心正如一个新生儿面对这个世界一样，永远充满好奇、求知欲和赞叹。"正因如此，乔布斯始终把自己当作初学者，时刻保持着一种探索、追寻的热情。

王世金是沈阳一个地地道道的农民。原本一家子过得还算幸福，但是在一场眼疾之后，王世金右眼的视力急剧下降，左眼也近乎失明。然而，在治疗眼疾的过程中，药物又影响了他的听觉神经，最后只能靠助听器生活。

治疗花光了家里的所有积蓄。丧失了劳动力的王世金对未来失去了希望，但一想到家中有两个孩子还要抚养，他就打起精神来，和妻子一起做手工摆地摊，还帮别人种水稻，以微薄的收入度日。

孩子们长大之后，王世金才算熬出了头。56岁的时候，他在沈阳音乐学院找了一份保洁员的工作。有一天，他无意中在电视上看到了大妈们模仿迈克·杰克逊的舞蹈，便萌生了自己也想学跳舞的念头。孩子们劝老爷子："别折腾了，都一大把年纪了，哪学得会迈克·杰克逊的舞蹈！"但老爷子却不信这个邪，说："凭什么我不能学？我肯定比她们跳得更好。"

由于零基础，没有专业的老师教，再加上本身年纪大了，所以王世金在学习模仿的路上需要比常人付出更多的努力。由于视力不好，王世金就瞪大右眼，天天对着迈克·杰克逊的舞蹈视频反复看，反复琢磨。听不清伴奏，就戴着助听器往音响旁边凑。后来，王世金找到了窍门，他将整段舞蹈分解成几小段，并且画出相应的动作分解图。这样，一段一段地看，一段一段地画，一段一段地学，最后串连成完整的舞蹈。从此，王世金开始疯狂地学习舞蹈，连干活的时候也要来一段。

机会总是留给有准备的人，在王世金学习舞蹈八个月之后，一段"保洁大叔热舞迈克·杰克逊舞蹈"的短视频在网上广泛流传，王世金则成为"'60后'新生代偶像"。六年后，他登上了《出彩中国人》的舞台，向世人证明自己不输年轻人。

正如《出彩中国人》的评委所说："世上有很多人为了致敬迈克尔·杰克逊而模仿他独特的舞步，从专业的角度来看，王世金的这些动作看起来并不完美，但却给人以一种意外的感动。"

梦想永不止步，有梦想就有希望，有希望就有力量。在这个瞬息万变的繁华世事中，我们要经常回头望望自己走过的路，问问自己是否已经走得太远，偏离了最初计划的航向。只有守住初心，才能抵达梦想中的地方。

著名诗人、作家纪伯伦说过这样一句话："我们已经走得太远，以至于忘记了为什么出发。"在追逐梦想的路上，很多人因为忘记了初心，一路走得非常迷茫。他们甚至已经忘记自己当初为什么要构建人生梦想，也不知道自己接下来要走向何方。

一个平凡的乡村少年，在15岁的时候写下了一本名为《一生的志愿》的书，罗列了127项人生梦想，如探访马可·波罗和亚力山大一世走过的道路；去尼罗河、亚马逊河和刚果河探险；读完莎士比亚、柏拉图和亚里士多德的著作；谱一部乐谱；发明一项专利……

在看到他的这些人生梦想时，家人和朋友都认为：要实现如此多的理想，对于一个普通人来说是十分困难的。尤其是要凭借一己之力来完成，更是难上加难。

但这位少年并没有因此放弃。相反，在经过40多个年头的努力后，他居然实现了其中的106个梦想，让当初那些不理解甚至嘲笑他的人震惊不已。

这位当初立下127项人生梦想的人，就是著名的探险家约翰·戈达德。在被问及他是如何将常人无法实现的梦想一一实现时，他的回答很简单："我只是让自己的心灵先到达梦想实现的地方，然后周身就会有一股神奇的力量，推动自己向着心灵召唤的方向前行。"

的确，初心的力量十分神奇，只要在追梦的路上时刻不忘初心，我们最终会遇到最好的自己。

在追逐梦想的路上，我们可能会遇到诸多困难、坎坷、诱惑，但不管什么时候，不管遇到什么，都不要忘记自己的初心，要时刻明白自己想要的是什么，并将自己最初的梦想一如既往地坚持下去。终有一天，你会发现，即便再难实现的梦想，也会因为自己对初心的那份坚守而变得不再遥不可及。

每个追逐梦想并成功实现梦想的人，都有自己的初心。时刻不忘初心，才能到达梦想的彼岸。初心，是人生起点的希望与梦想，是人生开端的追求与动力，是迷途困挫中的恪守与坚持，是事业成功的承诺和信念。一个人，只有心中确立了最初的梦想，才不会被各种诱惑所迷惑，偏离人生的轨道，才能自觉地承担起应有的责任和担当。

起点不是重点，重点是最后抵达的终点

有的人生来衣食无忧，有的人在贫困中成长。无论我们出生的起点是富有还是贫穷，这都不是重点，重点是我们最后通过自己的努力到达的终点在哪里。

很多人的人生起点很高，自出生就拥有父母带给他们的优渥生活，但他们却在成长中肆意挥霍自己的人生，终日在浑浑噩噩中度过。但有的人出生贫寒，没有良好的生活条件，但他们却能通过自己的努力，奋发向前，最终改变自己的命运，把自己活成了别人羡慕的样子。

所以，对我们来讲，起点并不是重点，也不是关键，重点和关键在于我们是否有自己的人生梦想，是否能为自己的梦想努力奋斗。

人要活得大气，当前好的、坏的处境都不能代表未来。所以，不要给自己设限，把自己拘禁在这个充满悲伤、感慨的圈子当中。未来的我们会怎么样，一取决于我们的心境，二取决于我们的行动。只要怀揣梦想，为之坚持不懈地去拼搏，眼前的逆境、困境又能怎样？终有一天，我们会凭借自己的努力，将自己的人生过得多姿多彩。

很多时候，即使是出生于同一个家庭的双胞胎，也会因为各自的人生观、价值观有所不同，而最终走上不同的路，到达不同的终点。所以，任何人、任何时候都不要将起点看得太重，因为起点并不等于终点。起点只是我们生命中的一个初始点，到达终点的路上，任何轨迹都由我们自己描绘，是坚强、勇敢、奋进，还是胆小、退缩、堕落，无论何种标签，都由我们自己来贴。然而，不同的轨迹、不同的标签，决定了不同的人生，也决定了我们能够最终抵达的终点。

海阔凭鱼跃，天高任鸟飞。你能跃多高，你能飞多远，决定了你的人生高度和广度。

在很久以前，龙门并没有被凿开。当水流下来的时候，就被龙门拦住了。

黄河里的鲤鱼听说龙门那里的风光极好，就想着能够有机会参观一下。于是，它们从黄河出发，路经洛河，然后再到龙门。最后，它们都聚集在龙门脚下，但这里已无水路可走。此时，有一条大鲤鱼说自己有一个好主意，大家可以纵身跳过龙门，就能看到那传说中的美好风景。但有的鲤鱼并不赞成，认为龙门太高，想要跳过去实在太难了，甚至还有被摔死的危险。大家七嘴八舌争论不休。大鲤鱼以身试险,纵身一跃,一下就跳到了很高的地方。此时,一团天火从它身后追来,烧掉了它的尾巴。但它忍痛继续朝前飞跃,最终越过了龙门山,落到了山南的湖水中,并且一眨眼间就变成了一条巨龙。其他鲤鱼见到此情景,害怕地躲了起来。此时,一条巨龙从天而降,鼓励它们去大胆尝试。有些大胆的鲤鱼去尝试,结果有的跳了过去,有的没有跳过去。那些跳过去的最终都变成了龙;没有跳过去的,在额头上留下了一条黑色的伤疤。

虽然这只是一个传说,却极富哲理:无论你的起点如何,没有人能随随便便成功,只有坚持梦想,不断努力,不惧怕尝试,你才能走得更远,达到更高的人生高度。

梦想不在于何时拥有，而在于何时开始

在现实生活中，有梦想的人很多，但真正能够抓紧时间开始追梦的人却很少。那些只谈创造梦想，不谈实现梦想的人，他们的梦想永远只能停留在梦和想的阶段。

当我们确立了一个目标或有一个美好的梦想时，不是站在原地等待机遇的降临，也不是坐等别人向你伸出援助之手，而是要立即行动起来。

其实，那些有梦想却不能为了梦想快速实践的人，会出现这种情况不外乎三种原因。

1. 有拖延症

很多人有自己的伟大梦想，却迟迟不肯着手去做，总是一拖再拖。他们总想着"今天的事，明天再做也不晚"。久而久之，整个人就会因此而变得消极、懈怠，即便自己的梦想再伟大，也因为拖延症而得不到印证，只会让梦想的火花慢慢被熄灭，最终沦为"梦想家"，让梦想败给了拖延症。

2. 害怕吃苦

梦想之路不会一帆风顺，只有经得起磨难、吃得了苦的人，才能实现梦想。怕吃苦的人，苦一辈子；不怕吃苦的人，苦一阵子。如果你因为害怕磨难，害怕吃苦，不付诸行动，那么你的梦想永无实现的那一天。

3. 害怕失败

每一个为实现梦想的人，都应当有一个"输得起"的胸怀。并不是每个人都能一次性实现自己的梦想，这样的人少之又少。对于绝大多数人来说，都要经历或多或少的失败，才能最终走向成功。如果你因为害怕失败、没有做好失败的心理准备而不行动起来，那么你在梦想面前就永远是一个失败者。

培根说过："好的思想，尽管会得到上帝的赞赏，若不付诸行动，无异于痴人说梦。"万事开头难。如果你总是瞻前顾后、畏首畏尾，永远也迈不出第一步，那么最终只能是一场幻想。

人生，活着就是一个不断创造梦想、追逐梦想的过程。如果只想不做，永远一无所获。而那些不论会面临多大困难，不管会成功还是失败的人，他们从不拖延，会立即行动，并孜孜不倦地朝着心中的美好目标前进。

在一次演讲活动中，杰克·坎菲尔德拿出一张钞票，说："这里有100美元，谁想得到它？"

这时，台下的人都举起了手。但杰克坐在那里，手里依旧举着那张100美元，又问了一句："有谁真的想得到这100美元吗？"

一分钟后，台下有一个人从座位上站了起来，随即一个快步走上前来，直接从杰克手中抢走了这100美元。

正当台下的人们因为这个人的行为感到震惊之时，杰克对现场的人说："他刚才的所作所为和其他人有什么不同吗？答案就是他快人一步采取了行动。"

梦想就像是杰克手中的美元，如果你不伸手去努力争取，又怎么会有所收获呢？俗话说："心动不如行动，行动不如立即就动。"拥有梦想的人，只要你能够找准时机、先于他人快速行动，你就能率先成功圆梦。

成功学家认为：成功没有什么了不起的，只是那些成功的人，在有了自己的人生梦想之后，便积极行动起来，坚持用几年、几十年的时间做同一件事，即便资质平庸，同样可以达到梦想的彼岸。只是在人海茫茫中，很少有人能做到这一点。

成功实现梦想是需要付出汗水和心血的,没有谁能随随便便成功。事实上,吃过的苦、走过的路,都会转化为你未来追梦路上的宝贵经验,是成功实现梦想路上难能可贵的财富。借助这种财富的力量,你才能更快地走向成功。

如果说,这世上只有一样东西可以阻止梦想的实现,那就是"不快速付诸行动"。只要认定自己的梦想和目标,只要拿出乘风破浪的勇气,快速投入实现梦想这项事业当中,梦想的实现便指日可待。可以毫不夸张地说,你和梦想之间只差了一个"行动"。只要你肯积极迈步,路就会在你脚下延伸。人生少年应有梦,不在于何时拥有,而在于何时开始行动。

第四章
Chapter 04

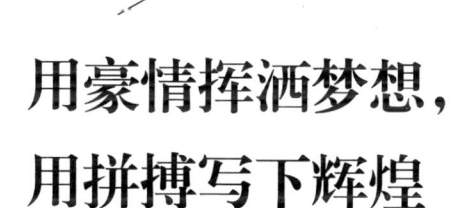

用豪情挥洒梦想，
用拼搏写下辉煌

> 梦想是一种信念，会根植在每个追梦人的心中。有梦想的人，往往意气风发、豪情万丈，在追逐梦想的过程中，即便布满荆棘、充满泥泞，也都能微笑着拍去满身泥土，拔去身上的刺，丢弃疲惫继续上路。这些能够傲视艰难的人，必定能用拼搏的力量在追梦的路上写下人生的辉煌。

没有翅膀，那就努力奔跑

虽说在梦想面前人人平等，每个人都有创造梦想和实现梦想的权利，但并不是每一个人自出生之日起，就拥有相同的起跑线。有的人一出生就含着金汤匙，有的人则出身贫寒；有的天生聪慧过人，有的人则智力平平；有的人背景强大，有的人则人脉单一……

即使我们没有显赫的背景、优越的家境、优质的人脉，也不会妨碍我们追逐梦想的脚步。因为即便我们没有翅膀，也可以凭借自己的努力，奔跑着追逐心中的梦想。

刘伟从小就有一个成为职业球员的梦想，但不幸的是，在他10岁的时候，因为触电失去了双臂，自此断送了足球梦。之后，他练习用脚写字、吃饭、刷牙、电脑打字等。12岁那年，他参加了北京残疾人游泳队。经过两年的刻苦训练，他一举夺下了两金一银。此后，他还连续两年获得了百米蛙泳项目的冠军。没想到，厄运再次向他袭来，他患上了过敏性紫癜。医生告诫他，必须停止剧烈运动，否则会危及生命。就此，刘伟的游泳梦也破灭了。

但刘伟是一个不断造梦和努力追逐梦想的人，在他19岁那年，他开始学钢琴，音乐成了他人生中的新梦想。练琴的艰辛超乎了常人的想象。由于脚趾大拇指的宽度比钢琴键宽，所以他在弹奏的时候会碰到旁边的按键，引起连音。之后，他尝试着让脚弓起来，用侧面的脚尖弹。每天练习七八个小时，他经常练得腰酸背痛，双脚抽筋，甚至脚趾都磨出了血泡。为了实现梦想而如此执着练习，他用了一年的时间就达到了钢琴7级的水平。

在《中国达人秀》的舞台上，刘伟演奏了一首《梦中的婚礼》打动了台下的每一位观众，并最终夺得了总冠军。

在很多人看来，命运对于刘伟是不公平的，接二连三的打击让他走上一条充满荆棘的艰辛之路。但刘伟即便没了"双翼"，也在勇敢地用自己的双脚努力奔跑，为自己赢得了全新的曙光。在把不公平甩在身后的同时，也实现了自己的人生梦想。

谁说，雄鹰没有了翅膀就无法追逐自己的梦想？刘伟依然能靠自己的双脚追逐并实现自己的人生梦想。对于我们普通人来讲，没有显赫的背景、没有优越的家境、没有优质的人脉，在实现梦想的路上，又算得了什么？纵使没有了这些外在的"翅膀"，只要我们不放弃，我们也可以到达自己想去的任何地方。奔跑起来，我们的人生才能充满更多的可能性。

人生本身就像是一幕没有剧本的演出，因为各种不确定因素使得每个人在自己的人生中不断地修改着自己的角色，然后神奇地创造出一个崭新的结果。

1. 摆正心态

命运是不可预测的，同时也是充满无限转折的。即便我们在某一方面有所欠缺，但我们可以摆正心态，努力去弥补缺陷。只要心中有希望，处处都充满希望。如果你因为某些欠缺而情绪低落，整日萎靡不振，你心中的梦想在你眼里就会充满崎岖与坎坷。你也会因此而看不到前途和努力的方向。

一个高中男生，从小就是一名忠实的摇滚乐爱好者，音乐就是他的梦想。但是，他天生五音不全，也没接受过专业的学习和训练。尽管如此，他并没有灰心，也没有放弃自己对摇滚的研究。在他看来，只要自己肯努力，迟早会在音乐方面有所成就。

多年之后，他对众多的摇滚乐队有了更加深入的了解。随便说一个摇滚明星或乐队的名字，他都能侃侃而谈，说出乐队的所有作品和风格特点，俨然成了一部摇滚小辞海。大学期间，他依然没有放弃自己的梦想，借助课余时间研究摇滚音乐。在校期间，他还创办了校园摇滚乐团，担任负责人。大学毕业后，他没有朝着自己的专业去找工作，而是执着地追求自己的梦想。最终，他成功就职于一家知名音乐杂志社。虽然没有当上乐手，但进入了知名音乐杂志社，让他离自己的音乐梦想又近了一步。

如果说这个世界上真有奇迹，那只是努力的另一个名字。在追逐梦想的过程中，最难的阶段，不是你缺少追梦的翅膀，而是你不懂得摆正心态，不能勇敢地面对自己的缺陷。

2. 感知未来

实现梦想的路上，只要你善于憧憬未来的美好，能够感知到未来梦想实现后的愉悦，那么即便没有翅膀又何妨？丝毫不会影响你向前奔跑的决心和动力。

在追逐梦想的路上，真正牵绊住你脚步的，是你的内心。虽然没有翅膀，但可以通过努力奔跑的方式去弥补并赢得好运。当你倾尽全力向前冲时，整个世界都会过来帮助你。只有努力，你才能改变自己的成长轨迹，离梦想越来越近，才能在未来遇见更好的自己。

有激情，梦想才有希望

著名剧作家尼尔·西蒙说过一句话："热情是主宰和激励我一切才能的力量。如果没有激情，生命便会显得苍白和凄凉。"

的确，做任何事情，如果没有激情，刚开始可能还好，但几天之后就会迅速失去兴趣，这就会阻碍我们前进的速度，甚至会毁掉我们的一生。

人不能没有梦想，更不能没有激情。激情是实现梦想的燃料，有激情，在实现梦想的路上才有不懈奋斗的能量。

冯继东出身农村家庭，由于兄弟姐妹多，家里负担不起所有孩子的学费，上到初中的他主动放弃读书的机会，跟着村里人到工地打工，成为年龄最小的小工。此时，他有了人生中的第一个梦想，就是成为建筑老板、包工头。梦想给了他无穷无尽的力量，为了实现这个梦想，他特别勤奋，得到了同乡和前辈们的认可。

很快，他便靠着自己的勤奋，从建筑小工成为带班班长。之后，在梦想的支撑下，他组建了自己的建筑团队，当起了小老板。由于资历太浅、要不到工程款等原因，他的建筑老板梦破灭了，还欠了一身债。

听说广东更好挣钱，于是他辗转南下，去广东闯荡。他干过酒店勤杂工、送水工，也做过工厂流水线等工作，后来在一家电子工厂跑起了业务。在跑业务的过程中，他积累了不少人脉和资源，便决定离开工厂，开始自己新的创业之路。在家人和朋友的帮助下，他拿出200万元的启动资金，雄心勃勃地开始做电子产品加工厂。由于利润空间锐减，再加上原材料和人工成本的增加，将他的厂子推到了生死边缘。

站在梦想的十字路口思考良久后，他发现传媒行业是朝阳行业，于是他做了一个郑重的决定：转型媒体行业。他对自己的传媒之路信心满满。如今，他创建了自己的媒体团队，借助短视频平台持续输出高质量内容，圈粉无数。在粉丝达到一定规模后，他带着团队接品牌广告、为品牌做直播带货，生意做得风生水起。

冯继东虽然在追逐梦想的路上几经折腾，但他始终充满激情和信心。充满激情的人，身体的每一个细胞都充满活力，拥有无穷的想象力和创造力，也最容易在追逐梦想的过程中创造奇迹。带着激情上路，你将时刻保持斗志昂扬。可以说，在实现梦想的过程中，有了激情，就成功了一半；没有激情，就不会有实现梦想的持续动力。有梦想而没激情，与无梦想无异。

对于每一个追梦人来说，心若不死，激情就不能灭。

什么才是真正的激情？其实，真正的激情，应当包含四个方面的内容。

1. 乐观向上，永不言弃

梦想是一件美好的事情，我们总是喜欢通过梦想给自己勾勒出一幅很美的蓝图。但是，在追梦的路上，不会有平坦大道等着我们。乐观向上、永不言弃，是让我们充满激情继续前行的最好方法。乐观向上、永不言弃的人，眼中看到的只有成功。也只有这样的人，能够用豁达从容的心态积极面对各种困难和挫折，能在失败和磨难中越挫越勇，看到雨后彩虹的绚烂。

2. 对自己追逐的梦想感兴趣

对一件事情感兴趣，才会充满激情地去做这件事情，并对这件事情感觉充满力量，有使不完的劲儿。

著名动画主角米老鼠的创造者华特·迪士尼，从小就酷爱动画设计，梦想着自己能够成为一名动画设计师。他曾经还把自己的作品投给报社主编。但主编并不看好他，认为他根本不具备绘画才能。然而，他并没有因为被主编否认而气馁，而是继续找与绘画有关的工作。后来，他成了一名装饰教堂的宗教图案设计师。

由于这份工作简单、毫无创意，他所获得的收入也极其微薄。但他对此并不在意，还情绪高涨地说服父亲将自己家的车库改装成了画室。每天工作之余，他走进画室，将全部精力都投入到卡通形象的创作上。

他对自己的业余爱好充满着热情和激情。一次，他发现车库里有一只小老鼠经过，由此他便获得了创作老鼠雏形的灵感。为了更好地观察小老鼠的动作，他还故意向老鼠投食。最终，在不懈地努力下，他创造出了米老鼠形象，并一举成名。

即便成名，他依然保持原有的工作激情，总会走出去和大自然、动物亲近，并创造出了更多动人的动画形象。华特·迪士尼在一次采访中谈及自己成功的秘诀时，说："你一定要做自己喜欢的事，才会有所成就。"

因为兴趣，华特·迪士尼一直以一种激情满满的状态去对待自己的梦想，否则他也不会有梦想成真的那一天。任何一个人，如果想要成就梦想，就必须对自己所做的事情充满兴趣。

3. 不断地自我激励

在面对困境时，我们常常会被一些负面的思想困扰，从而失去动力。正向激励，能激发我们奋发向上的积极性，让我们向着自己的梦想勇敢前行。

4. 全身心、持久地投入

激情是成功的原动力，激情是实现梦想必不可少的精神支柱。如果你没有做到全身心地投入或者投入的持久性不够，那么你的梦想是很难实现的。

梦想的实现，需要激情来浇灌。在追逐梦想的路上，没有好运飞来，也没有天降神迹。唯有激情，才能让人爆发出无限的潜能，才能让我们梦想成真。即便这条路上再坎坷、再艰难，我们也要保存自己的一点激情，呵护好自己的激情，再一次出发、再一次远航。有激情，才会有希望；有希望，梦想才会成真。

为梦想痴狂，不疯魔，不成活

从古至今，人类对于梦想的追寻就从未停止过，但追逐梦想对于任何一个人来说都不是一件容易的事。

多少人在追梦的路上，因为永无止境的奔波和折磨而退却。而那些为梦想痴狂的人，却秉着"不疯魔，不成活"的心态和意志，熬过困境，经受住考验，最终完美地实现了梦想。

褚时健74岁那年，因为严重的糖尿病问题，被保外就医。在经过几个月的调理后，他便带着妻子进驻云南哀牢山，承包了2 400亩荒田，决心开始种植橙子。很多人都认为不可能，甚至有人觉得，一个刚从监狱里出来，已过古稀之年的老人，还要有一番作为，简直就是痴人说梦。

他和妻子二人在这里一待就是好几年，他用努力和汗水把荒山变成了果园。为了解决灌溉问题，褚时健经常身穿破圆领衫，戴着草帽，穿着拖鞋，翻越几个山头寻找水源；为了解决果子挂不住的问题、果子味道淡的问题，他购买了大量的关于果树种植的书，经常看书学习到凌晨三四点。经过反复地尝试和试验，最终皇天不负有心人，褚时健的极品冰糖脐橙种植成功，被称为"褚橙"，而他也因此荣获了"中国橙王"的称号。

种橙子看似是一件简单的事情，却是一件十分考验人眼力、耐力和魄力的事情。谁能想到，一个古稀之年的老人，凭着一股如痴如狂的拼劲居然实现了自己的梦想？褚时健却做到了。他几年如一日地忘我努力，使他经历了低谷期后又一次重新站上了人生巅峰。正如褚时健所说："我一辈子都要干事，任何情况下，只要活着，就要干事，只要有事可做，生命就有意义。"

人生就是一个不断沉淀和积累的过程。竭尽全力几近痴狂地去做，相信命运不会亏待任何一个追逐梦想的人。

对梦想的狂热，是一种极度热情和几近执迷的态度。有着这样态度的人，只要自己认定的事情，就一定会认真、持续地去做，尝试着实现自己的梦想。即便身边的人对自己对梦想充满质疑和怀疑，也不会因此而有丝毫动摇，反而会更加点燃他们对梦想的狂热之心，他们要通过自己的执着和不懈努力，向世人证明自己一定会成功。

古往今来，凡是有一番大作为的人，不乏疯魔者，他们为了自己的梦想，一头扎进去，然后沉浸其中。

杨丽萍是中国舞蹈艺术家，因"孔雀舞"被大众所熟知。人们都知道杨丽萍的辉煌，却很少有人知道她为了练习孔雀舞在舞台后花了多少工夫、做出了多少牺牲。

杨丽萍从小就喜欢舞蹈，由于家境不好，她没有机会去专业的舞蹈学校进行专业的训练，但她却凭借着天赋，瞒着家人偷偷练习。

13岁那年，西双版纳州民族歌舞团到杨丽萍的家乡来招生，杨丽萍被录取，正式开启了她的舞蹈生涯。起初，由于没有经过专业训练，所以她的舞蹈和团里其他人相比，总是显得格格不入。

入团的八年时间里，杨丽萍一直做舞蹈陪衬。直到有位舞蹈演员生病了，她才获得了登台表演《孔雀公主》的机会，并大获成功。但杨丽萍并未因此而放松自我，相反，她经常练功到深夜。

在28岁那年，由于杨丽萍创作并表演了舞蹈《雀之灵》，其名声立刻传遍了海内外，杨丽萍一举成名，被评为当年十大新闻人物之一。

一直以来，杨丽萍为了保持婀娜轻盈的身材，在美食面前，她选择了克制诱惑，体重一直都控制在90斤以内。为了达到精益求精的效果，她在排练的时候，由于过于努力而发生意外，导致腿部骨折，被紧急送往医院救治。对于普通人来讲，伤筋动骨一百天，需要卧床静养。然而，杨丽萍却在手术恢复后又快速投入到舞蹈事业中去。

多少年过去了,杨丽萍依然保持着20岁时的坚韧,为在追逐梦想的路上活得"疯魔",活得纯粹。

梦想之路道阻且长,在夺冠之前没有谁能不加练习就能快速冲向终点。那些像杨丽萍一样,能成功实现梦想的人,往往就是那些不跑偏、不放弃,将事业做到极致忘我,乃至接近痴狂的人。

每个人都有属于自己的梦想,但要梦想成真,你的狂热程度决定了梦想实现的速度。你只有付出比别人多十倍、百倍,甚至千倍的努力,才会离梦想更近一步。

梦想可以使人痴狂,是人前进的动力,也是人生乐趣的源泉。人应当为梦想而活,为梦想注入狂热。只有这样,我们才会超越自身的束缚,释放出最大的能量。

怀揣热忱，人生才会流光溢彩

在生命长河里，活得最精彩的人，是那些为了追逐梦想一生努力奔跑的人。在这条路上，无论遇到顺境，还是逆境；无论取得了小小的成功，还是遇到了巨大的挫折，他们总是满腔热忱地继续向前奔跑，直到到达光辉的彼岸。这样的人，面对梦想，有着用不完的能量和动力；这样的人生，才会流光溢彩，精彩无限。

一个缺少热忱的人，就如同受了潮的火柴，必定无法点亮自己的梦想。

有一个人，他看尽了人间疾苦，立志长大后一定要当一名牧师，带领人们走出痛苦。长大后，他如愿以偿地成为一名牧师。

在开始的时候，他积极传道，并从中找到了人生的快乐。但时间久了，他发现当牧师是一件非常枯燥乏味的事情。渐渐地，他失去了传道的热情。

一天夜里，他做了一个梦。梦到自己被带到了天堂，接受上帝的封赏。

刚开始，有一个天使向他缓缓而来，为他送上了一个华丽灿烂的冠冕。只见金冠上面镶满了珠宝，散发出耀眼的光芒。正当他为此而高兴时，旁边的天使长说："拿错了，这是20年前为他准备的，那时的他拼命地实现着自己的梦想，可惜，后来的他冷淡退却了，所以要换一个次等的冠冕。"

一会儿，天使又为他换来了次等的冠冕，只见这个冠冕虽然没有之前那个那么华丽，但看上去也还是不错的，是一顶银冠。然而，天使长又说："你们还是拿错了，这是10年前为他准备的，不幸的是，欲望和诱惑迷住了他，他已经成了一个不冷不热的人，再去换一个吧。"

新换来的冠冕是一顶铁冠，毫无光彩可言。

牧师一下子被惊醒了。从那时起，他又开始勤奋传道，立志要做好一名传道人。

在追逐梦想的路上，最可怕的是失去热忱。一旦失去了热忱，你就不会全力以赴地去实现梦想，就无法坚守初心，容易被外界干扰、迷惑，梦想也很容易半途而废。

如果你所有的行为和选择都不是基于你的热忱，而是把它当作

"被逼无奈""不得己",那么你的梦想必定坚持不了多久。而一个心中永远怀揣热忱的人,会带着自己的热忱之心去做自己想做的事情。即便遭遇艰难险阻,也不会觉得累、觉得苦,反而会获得更多的快乐和幸福感。

所以,我们要永远怀揣追逐梦想的热忱,这样我们才能找到一丝安慰和回甘,使自己的梦想之路走得更加长远。

梅兰芳出生在一个京剧世家。他的祖父梅巧玲、父亲梅竹芬都是早期知名的京剧演员,伯父梅雨田是有名的琴师和笛师,为京剧和昆剧伴奏。所以,梅兰芳从小便受到家里长辈的熏陶,对京剧产生了浓厚的兴趣,并表现出极大的热情。

8岁的时候,他便拜师学艺,开始学习旦角。男孩子学旦角,唱念做打都要模仿女性,但梅兰芳在这方面并没有天赋条件。很多时候,师傅教了好多遍,他还是学不会。师傅劝他放弃,认为"祖师爷不赏梅兰芳饭吃"。

然而,梅兰芳并没有因此放弃,反而对学习旦角这件事表现出了更大的热情。一段唱,一般人唱六七遍就会了,他却要反复练习二三十遍,就是为了练出圆润甜美的好嗓子。梅兰芳眼睛有点近视,眼睛缺少神气。他特意养了几只鸽子,用来练眼睛,随着鸽子转动、远望,盯的时间长了,眼睛又酸又红。最终,他的眼睛不但恢复了视力,还变得格外有神。为了练出轻盈的步子,梅兰芳把两条绳子系在脚上,将两脚固定住,来回蹀步练习,即便双脚被勒得生疼,他还是坚持一练就是八九个小时,全身都是汗。

10岁的时候,梅兰芳登台演戏。历经一场场演出,梅兰芳积累了不少表演经验。不到20岁时,梅兰芳就唱红了整个北京城。但梅兰芳并不满足于此,他还热衷于对戏剧的创新,为京剧演现代戏开出来一条路,使得京剧舞台焕然一新,受到广大群众的热烈欢迎。自此,他的名声更大了,因为他的表演自成一派,被称为"梅派",也被公认为"四大名旦"之首。"梅兰芳"这三个字,不仅闻名全国,而且还享誉世界。

像梅兰芳这样,为了实现自己的梦想,即便受到心灵上的打击、身体上的疼痛,对梦想的那股难能可贵的热情却不减反增,这样的人值得我们每一个人敬佩和尊重。

追梦人,最难得的就是有一颗炽热的心,只要这颗心永存,整个人就会生机勃勃,做什么事情都会觉得意义重大。

唯有满腔热忱去追逐梦想、去奋斗,我们才会无愧于人生。用热忱播种梦想的种子,在未来的某一天,我们会等来花开的芬芳,会赢得流光溢彩的人生。

改变内心的能量，一切都变得简单

从科学的角度来讲，宇宙万物的本质都是能量。这就意味着，人与生俱来就是一个行走的能量体。

有的人天生内心充满信心和积极向上的力量，做任何事情都能以一种饱满的状态和激情去应对。这样的人，人生之路会越走越明朗，越走越宽广，梦想也更容易照亮现实。

有的人内心缺乏阳光和自信，做任何事情都畏首畏尾，是典型的"思想上的巨人，行动上的矮子"。这样的人，人生之路会越走越窄。相信没有人愿意自己的人生之路越走越艰难。既然每个人都是一个能量体，那么我们就可以通过能量输入、输出和转换来改变自己。少一些阴暗和消沉，多一些阳光和自信，我们就会对自己的未来之梦充满热情和希望。

有这样一个小故事：柏拉图告诉弟子，自己能够移山，弟子们纷纷向柏拉图请教移山的方法。柏拉图笑道："很简单，山若不过来，我就过去。"众弟子听后一片哗然。世界上根本没有移山术，柏拉图也并不是在跟弟子开玩笑，而是想通过这件事告诉弟子，人生一世，到达梦想彼岸路上的困难犹如一座大山，永远不会因为我们的胆怯而消失，我们所能做的就只有思变，只有思变才能找到新的出路。

愚公可以移山，我们也可以搬到山的那边去。当我们遇到难题时，千万不要自怨自艾。想办法尝试做出一些改变，事情会变得简单很多。

在追逐梦想的过程中，有许多"大山"是我们无法移动的。但我们可以调整心态，给自己做出正确的定位，做出合理的改变计划，通过改变自己来达到实现梦想的目的。其实，改变内心能量，改变自己，就是在改变自己的运气。当你的人生步入正轨时，你的运气才会越来越好，才会持续走上坡路，梦想的实现才会快人一步。

改变内心能量，就需要根除一些负能量，以及消极、低沉的东西，为自己换一颗强大的"芯"。换句话说，就是要改变我们的心智模式。

一个人的心智模式与年龄、地位和财富没有关系，而是跟一个人的内心修炼有关。心智模式往往根植于人的内心，它会受到惯性思维的影响。关于自己、他人和周围世界的认知。

当我们的心智模式与事物的真实情况不相符合时，会让我们对梦想的认知出现偏差，使我们的梦想无法实现；反之，则会让自己更加积极地面对人生，指导我们去实现心中的梦想。

改变心智模式，就是改变我们的认知。那么，我们应该如何改变心智模式呢？

1. 躬身自省

在追梦的路上，难免会出现"偏航"的情况，因此要时刻躬身自省，检查自己的心智模式问题出在哪里。此外，我们也可以用更加开放的心态去接受不同的意见，进而用更加开放的头脑去改善自己。

2. 不断学习和修正价值导向

人的价值导向会随着认知能力的改变而改变。通过有效的学习，可以接受新信息，开阔新视野，从而提升自己的认知能力。同时还可以开放自己的思考逻辑，掌握更多的新观念，进而形成新的思考方式，修正自己追梦过程中的价值导向。

3. 更换新环境

环境对于人的影响是巨大的。正如诺贝尔获得者埃德尔曼所说："虽然我们生活在同一个世界，但由于各自的经历和目的不同，我们对某一特定事件的意义理解也各不相同。"当我们对梦想感到迷茫时，我们完全可以换一个新的环境，在改变自我认知的同时，找到新的出路。

4. 换位思考

当我们在面对艰难和困境时，如果不改变思维方式，很容易一条道走到黑，最终把通往希望的梦想之路走成死局。换位思考，可以让人站在全新的视角去审视自己，并能发现不一样的结局。

齐瓦勃出生于一个普通的农民家庭，他只受过很短一段时间的学校教育。18岁时，他来到钢铁大王卡内基所属的一个建筑工地打工。当其他人抱怨薪水太低而消极怠工时，齐瓦勃却在默不作声地积累工作经验，并买来建筑学方面的图书，利用业余时间学习。

一天晚上，同一个宿舍里的工友都在闲聊，只有齐瓦勃独自躲在角落里看书。有的工友挖苦和讥讽齐瓦勃，认为他只是一个靠苦力赚钱的，学习那些书本知识，简直就是在浪费时间。齐瓦勃并没有理会他们的嘲讽，而是说："我不光是为老板打工，更不是单纯为了赚钱，我是在为自己的梦想打工，为自己的远大前途打工。我必须提升自己的工作能力和专业知识水平，使自己所产生的价值远超自己拿到的薪水，只有这样我才能得到重用，获得机遇。"

有一天，公司经理恰巧前来检查工作，不经意间看到工人宿舍里居然有人在看书，而且是一本建筑学方面的书。经理什么也没说就走了。

第二天，经理把齐瓦勃叫到办公室，问道："你一个建筑工人，学那么专业的知识干什么？"

齐瓦勃说："我想我们公司并不缺像我这样的打工者，缺的是那些有经验有专业知识的技术人员或管理人员，对吗？"

经理点了点头，没说什么。不久之后，齐瓦勃便荣升到技师岗位。随后，他一步步做到了总工程师的职位，并最终成功晋升为这家建筑公司的总经理。

正是因为齐瓦勃能站在老板的立场上思考问题，所以才能看得更远，在追逐梦想的路上走得更快。

当你在追逐梦想的过程中感到累了、迷茫、信心不足时，不妨尝试着改变自己。当你的能量聚集到一定程度时，你就会发现，原来一切问题都变得简单起来。

第五章

Chapter 05

敢折腾的人才更能
获得成功的青睐

> 大部分人喜欢稳定的生活，因为这样的生活让人感觉安逸、放松，这样的人一辈子只能在平庸中度过。一个真正敢折腾的人，骨子里不安于现状，他们善于在折腾中寻求机遇，寻求新生。越是敢折腾的人，越有进取心，就越能获得成功的青睐。

为了梦想，拼尽全力又何妨

张爱玲说过一句话："要做的事情总找得出时间和机会，不要做的事情总找得出借口。"生命中有很多选择，有的人为了安逸选择找借口逃避困难，有的人为了成长迎着风拼命前行。当然，所有的选择都无所谓对错，只不过印证了你的一种人生态度。

我们的一生中，总会有自己由衷热爱的事情，有自己追求的梦想。虽然不是每个人注定都会成功，但有梦想就有希望，为了梦想，拼尽全力又何妨？

梦想其实是一件难得的奢侈品，从来都是敢想、敢拼的人的"专属"。如果轻易就能到手的东西，那么谁还会拿它当回事儿呢？但如果你为梦想拼过，但依旧没过上自己想要的生活，很可能是因为你没有拼尽全力。

　　小孩在放学的路上看到一只正在晃动的茧，这只茧里边好像有什么东西正要破茧而出。小孩子觉得十分好奇，于是目不转睛地盯着这只茧。可是随着时间的一点点流逝，里面的小家伙却一直没有挣脱茧的束缚。小孩心想："看来这家伙是不能破茧而出了。看你这么痛苦，干脆我来帮帮你吧！"

　　他从自己的书包里找出一把小刀，把茧划开了一个小口子，好让这个小家伙能够快点挣脱出来。果然，没多久，只见一只蝴蝶从茧里爬了出来，但它的身体看上去十分臃肿，翅膀也非常无力，耷拉在身体的两侧，伸展不开。小孩子想看刚破茧而出的蝴蝶是如何飞起来的，但在他眼前的那只蝴蝶并没有像他想象的那样迅速起飞，而是跌跌撞撞地爬着，怎么也飞不起来。没一会儿，这只蝴蝶就死了。

蝴蝶只有不畏艰难、全力冲破了束缚它的蛹，才能在破茧而出后展翅飞翔。在人为的帮助下，虽然减少了它的痛苦，却也让它变得脆弱不堪，无法在现实世界中生存。人也是如此。我们在追梦的路上，不管结果怎么样，拼尽全力才有机会成功，才会让我们不负自己的梦想和努力，不会后悔。但如果从头到尾都只是蜻蜓点水式地付出，最终梦想之花必定不会为你而开。

　　伟大的发明家爱迪生为了发明电灯，在失败了六千多次后，依然能全力投入，最终取得了成功，造福大众；天文学家开普勒，虽然多病，但他却将不幸化作前行的动力，凭借着顽强的毅力，最终发现了天体运行的三大定律，摘取了科学桂冠；奥斯特洛夫斯基年轻时右眼失明，四肢瘫痪，双手丧失写字能力，但他却从未停止写作，即便临终前，他也在拼命加班，与死神争分夺秒。正是因为他一生都在为自己的写作事业全力以赴，所以才有了《钢铁是怎样炼成的》这样享誉全球的著作。

事实上，每一个伟大的人能够成就伟大的梦想，其背后隐藏的都是全身心的投入和拼搏。

在一所著名的教堂里，有一位德高望重的牧师，他的名字叫戴尔·泰勒。有一天，他被邀请到一所学校给孩子们布道。他先给孩子们讲了一个故事：一年冬天，有位猎人带着猎狗去打猎，猎人一枪击中了兔子的后腿，兔子拖着伤腿拼命逃生，猎狗在后面穷追不舍。可是追了一段时间，兔子越跑越远，猎狗追不上就放弃了。猎人气急败坏地说："你真没用，连一只受伤的兔子都追不上。"猎狗辩解道："我已经尽力了呀！"兔子回到家后，兄弟们都问它："那只猎狗那么凶，你又带着伤，是怎么甩掉它的？"兔子回答说："它是尽力，而我是竭尽全力啊！它追不上，最多挨顿骂，我要是不拼尽全力，就只能没命了。"

讲完故事后，戴尔·泰勒又郑重其事地问孩子们，谁要是能背出《圣经》中某一篇某一章的全部内容，就可以赢得一次去高档餐厅用餐的机会。虽然孩子们都很渴望去这家高档餐厅吃饭，但这篇文章很长，要全部背诵出来难度很大，所以很多孩子选择了放弃。

没想到的是,有一个11岁的男孩居然胸有成竹地站了出来,从头到尾将这篇文章背诵了下来。大家都为这个男孩的记忆力惊叹不已。戴尔·泰勒好奇地问这个小男孩是怎么做到的,小男孩不假思索地回答:"我竭尽全力了。"

这个小男孩就是比尔·盖茨。

任何事情,如果只是靠努力就能成功的话,那么成功似乎也太过容易了些。在成功实现梦想之前,每个人都是普通人。但普通并不代表着平庸,并不代表着甘于平庸。越是平庸,越是要拼尽全力,让自己变得与众不同。不是每个人都能成为比尔·盖茨,但我们可以成为自己世界里的比尔·盖茨。当一个普通人为了自己的梦想拼尽全力时,整个人都会闪闪发光。

顽强拼搏的追梦人都能被世界温柔以待

人与人之间的差别其实并没有我们想象中那么大，真正拉开差距的是后天的努力。即便是一对孪生双胞胎，他们的起点相同，但不同的努力也会换来不同的人生结局。

其实，上天对每个人都是公平的，不会随便亏待任何人。无论你是谁，如果你能为了自己的梦想顽强拼搏，都会被世界温柔以待。

童年时期的邓亚萍受到当时身兼体育教练一职的父亲的影响，立志要做一名优秀的运动员。但是她的身体素质不符合体校的要求，于是被体校拒之门外。邓亚萍只好跟着父亲学习乒乓球。父亲要求邓亚萍每天做完体能训练后，还需要做100个发球接球的动作。当时邓亚萍只有七八岁,为了练好扎实的基本功,她在自己的腿上绑上沙袋。小小的她,绑着沙袋,每做一个闪、展、腾、挪的动作,都可以用"举步维艰"来形容。腿肿了,手磨破了,这对于邓亚萍来说,都已经是家常便饭了。负责训练她的父亲,虽然嘴上不说,但经常心疼得偷偷掉眼泪。而邓亚萍却从不叫苦,不喊累,甚至还害怕父亲担心而安慰父亲。

果然,皇天不负有心人。经过三年的努力,邓亚萍在10岁那年,便拿下了全国少年乒乓球比赛中团体和单打两项冠军的好成绩。

每个人的梦想就好像一粒鲜活的种子,这粒种子能开出什么样的花,结出什么样的果,全看你努力了多少,付出了多少。邓亚萍能在三年时间里从毫无基础到夺下双冠,其实都是日积月累的努力后的厚积薄发。

著名作家、学者伏尔泰说过:"伟大的事业需要始志不渝的拼搏精神。"没有谁可以永远吸引幸运之神,也没有谁可以永远保持幸运。如果可以的话,都是靠自己的顽强拼搏换来的。

拼搏是人生的主旋律,更是实现梦想的有效途径。在追逐梦想的路上,我们可能会遇到各种各样的困难,但贵在坚持。心中有梦想,为了梦想顽强拼搏,总会看到希望。无论什么样的梦想,半途而废只能让我们跌入低谷。一旦有了退缩意识,人就会变得不思进取,随之而来的惰性就会压住我们的动力。这样,我们就离梦想越来越远。

追梦的路上,就算路再远,就算一次次跌入失败的谷底,都要收拾好心情，坚持自己的梦想，坚定自己的目标，顽强拼搏不退缩。当你战胜自己的那一刻，也就跨越了心理的障碍，此时你就会发现你周围的一切都在慢慢地变得好起来。

世界上没有白来的成功。任何一个人的梦想得以成功实现，其背后总有超乎想象的拼搏和努力。

著名实业家松下幸之助在刚开始创业的时候几乎没什么积蓄，在两位老伙伴以及妻子、弟弟的支持下，才凑到了创业资金。没有厂房，他们就自己在院子里搭建了一个棚子，办起了家庭作坊，并着手生产松下幸之助设计的电灯插座。最初，他的产品并不受欢迎，就连样品都推销不出去。他拿着样品，几乎跑遍了每一家销售电灯的商店，但十天下来，总共才卖出了100多个。在入不敷出的情况下，连员工的工资都开不出来，最后两位好伙伴也自谋出路去了，只剩下松下幸之助和他的妻子、弟弟三人在苦苦支撑着。

后来，松下幸之助不得不将妻子的衣服、首饰等送进当铺作抵押，换回来一点点钱做周转、维持生计。即便如此，松下幸之助依然顽强地坚持着，他鼓足勇气，准备再搏一回。没想到，在经历了几次波折之后，松下幸之助的事业迎来了转机。一波一波的订单逐渐涌来，松下幸之助和家人们加班加点投入生产。不久，他收到了货款，去除成本之外，收回了最初办厂投资，整个厂子开始盈利，走上了正轨。就这样，他的厂子规模越办越大，事业也越做越好。

但松下幸之助并不满足于眼前的成功，为了迎合市场需求，他对自己的产品进行了创新和改良，赢得了市场的同时，更成就了自己的伟大事业。

松下幸之助创业的一生，其实就是其顽强拼搏的一生。他用自己的不懈努力，为自己赢得了幸运之神的眷顾。不要相信什么"天意如此"，一切都是"事在人为"罢了。相信每一个努力拼搏的追梦人，终将被这个世界温柔以待。

没有谁的幸运会凭空而来，也没有谁的梦想不经过努力就能成真。只有你拼搏过，梦想才会离你越来越近，你才会足够幸运地被世界温柔以待。这个世界不会辜负每一份拼搏和努力，也不会怠慢每一个执着而勇敢的人。只有通过脚踏实地拼搏获得的成功，才是真正的成功。

逐梦路上，不惧怕嘲笑

很多人虽然心中有梦想，却将梦想束之高阁，只敢想，不敢做，因为他们害怕在追梦的路上被人嘲笑。

每一个成功的人在追逐梦想的道路上，可能会有被人嘲笑的经历：认为你的梦想太不现实，你在异想天开；认为你太过高估自己，不自量力；嫉妒你的眼光和魄力，想要用嘲笑的方式来打击你的自信……

梦想是人们对于美好未来的一种憧憬和渴望。的确，有的梦想看似遥不可及，不切实际；有的梦想看似过于平凡，不值一提……但不论梦想高远还是平庸，都是我们内心中最真挚的愿望，不应该因为害怕别人的嘲笑，就将梦想深埋心底，坐等空想，梦想永远难以成真。

要知道，梦是追出来的。

马斯克用自己的努力改写了人类航天史，但在他成功和成名之前，也曾被人嘲笑是个"疯子"。

1976年，马斯克出生了，他的父亲是一名机电工程师。马斯克在童年时期就受到父亲的影响和启发，爱上了科学技术，也更痴迷于航天飞行。

在12岁的时候，马斯克成功设计出了一个名叫"Blastar"的太空游戏软件。此时的马斯克已经充分展现出了他的惊人天赋和对太空事业的热爱。也正是因为这款游戏软件，为马斯克赚取了人生中的第一桶金。在学校发表讲话时，马斯克表示，未来他还想带领同学们登上火星。同学们听了后，都说卡斯克是在吹牛，然后便哈哈大笑起来。马斯克没有因为同学们的嘲笑而沮丧不已，反而用更加坚定的语气说"不信，我们就走着瞧"。

此后，马斯克对清洁能源、太空这两个领域有了更加深入的关注。

在他24岁读博士的时候，就决定辍学，赚取更多的资本，为日后在这两大领域的研究做准备。于是，他先后创办了专门为新闻机构开发的在线内容出版软件公司；用积攒的资金收购了电脑制造商康柏公司；与朋友合伙成立了专注移动支付领域的公司PayPal。

在积攒了一定的资金后，马斯克认为自己终于有资本和机会在清洁能源和太空方面进行探索了。从2002年开始，他全身心地投入到太空探索领域，成立了 Space X，计划在未来实现火星移民，打造一个全新的太空文明。

在之后的18年里，马斯克经历了多次失败，让那些曾经嘲笑过他的人，再次认为他的梦想过于宏大，嘲笑他是个"疯子"。马斯克为了做试验，投入了很多研发成本，也一度因此濒临破产，但他依然执着于自己的梦想。

2020年，马斯克研发的载人飞船成功发射，前往国际空间站进行太空探索，这足以证明马斯克在用自己的努力取得了航天梦想的成功。

任何时候，都不要在乎别人的眼光。当别人嘲笑你的梦想、质疑你的梦想时，以微笑回之。是什么梦想不重要，重要的是我们能够建立信心，努力朝着这个目标去奋斗，为自己的梦想一直坚持下去。

一个对梦想有着执着追求的人是不会将世俗的眼光放在心上的，即便有人嘲笑、歧视自己，有人对自己指指点点、恶语相向也无妨，因为用自己的实际行动来证明自己，才是对嘲笑自己的人的最好回应。

在魔术奇才刘谦7岁那年，他被一场奇幻魔术所吸引。于是，他将自己多年来攒下的零花钱买了人生中的第一个魔术道具——"空中来钱"。

每天，他一有时间就瞒着父母练习"空中来钱"这个魔术。当同龄人还在玩捉迷藏的时候，他正在用好奇的钥匙解开魔术的谜底。

当他觉得自己的魔术表演练得十分熟练时，就会找机会表演给父母看。没想到却遭受到了父母的强烈反对，认为他这个年纪就该好好学习，学魔术就是不务正业。一天，一直内向羞怯的他突然站在讲台上宣布："我给大家表演个魔术，我觉得离我的魔术师梦想不远了。"没想到，他的这一番话却遭到了同学的嘲笑，认为他就是一个"梦想家"。

虽然遭到家人的反对和同学的嘲笑，但他却依然坚持练好每一个动作，他甚至会为了一个动作重复练习上千遍。

12岁那年，刘谦偷偷报名参加了儿童魔术大赛。在数百名参赛者中，他脱颖而出，拿下了国际魔术师大卫·利波菲尔颁发的大奖。当他把奖杯拿回家，高高举起在父母面前时，父母惊讶地说道："看来，我们应该尊重孩子的梦想，并帮助他实现梦想。"

16岁的时候，刘谦向一位先生学艺，经过专业的学习和训练，他的魔术水平有了很大的提高。

22岁那年，刘谦在父母的陪同下，第一次参加了一场国际魔术比赛，还拿到了第二名的好成绩，但他立志一定要夺得第一名。后来，他真的做到了，一连拿下了五个第一名。

在随后的世界魔术大赛中，他获得了十多次国际性大奖，被称为现实版的"哈利·波特"。

在梦想之路上，我们会遇到各种不尽如人意的状况。不论别人如何想、如何说，关键在于你在追逐梦想的时候，是否能够有所坚持。如果我们能够时刻以一种平和的心态去对待别人的嘲笑，不受各种非议和言论的左右与羁绊,那么我们就能够心无旁骛地去追寻自己的梦想。

千万不要害怕别人的嘲笑与打击,也不要因此而气馁,而是要将嘲笑、打击、歧视化作奋斗的动力,用自己的不断努力来证明自己。终有一天,你会发现,只要能够坚持自己的梦想,并为梦想的实现持之以恒,迟早会有意想不到的收获。

偏执一点会收获不一样的惊喜

在很多人眼中,"偏执"是一个贬义词,给人一种不可理喻、顽固不化、不近人情、过分自我的感觉。但现实生活中,我们会看到,有很多成功的追梦人却具有偏执型人格。他一旦确定了梦想,认准了目标,就会不顾一切、全身心地扎入其中,有一种"不成功绝不罢休"的精神和冲劲。

偏执,代表的是一个人内心的火热、执着和向往。我们也经常会听到这样一种说法:"唯有偏执狂才能生存。"虽然这样的说法有些偏激,但我们不得不承认,那些偏执的人的确更容易做成事,更容易实现自己的人生梦想。

于震寰这个名字可能有些人不太熟悉，但"毛孩"的故事却火遍了全球。于震寰自出生以来因为全身遍布毛发，备受关注，有人称他为"毛孩"。从小，于震寰就受到身边同龄人的嘲笑，引来了人们对他的各种侧目、歧视、谩骂，甚至欺凌。这让他的内心备受打击，甚至还产生了轻生的念头。正是由于他特殊的外表，在7岁的时候被一家电影公司看中，为他量身定做了一部《小毛孩夺宝奇缘》的影片。这部电影让于震寰小小年纪就火遍了中国的大江南北。

随着年龄的不断增长，虽然少年成名，但由于他的特殊性，让很多观众形成了审美疲劳，这对于于震寰的演艺之路来说是致命的打击。

有一次，他被邀请参加美国的一场专场采访节目。在这里，他有幸遇到了歌王迈克·杰克逊，在与迈克·杰克逊交谈的过程中，他倍受鼓舞。

在初次登上舞台的时候，于震寰卖力地边唱边跳，但台下的观众情绪并不高。对此，他并不服输，依旧偏执地选择继续在演艺行业待下去。在尝试改变演唱风格后，越来越多的观众喜欢上了他的歌，也喜欢上了他这个人。

后来，他来到北京开始创业，成立了自己的音乐公司。由于遇人不淑，他创业失败了。但他依旧偏执地认为，只要肯努力，自己的音乐梦想一定会成功。于是，他每天只睡几个小时，剩下的时间都用来学习和充实自己，并且推广自己的专辑唱片。有不少唱片公司发现了他的才华，主动前来邀请他。通过不懈的努力，他逐渐迎来了自己的全新的人生。

虽然于震寰没有俊美的外貌，但他凭借着自己的偏执，实现了梦想。

人生的道路上，贵在坚持自己的梦想，能够为最初那份初衷而坚持奋斗，即便别人认为那是你的一种"偏执"，但你只要认定自己是正确的，就一定不要放弃，要勇往直前。

因偏执而成功的人，往往具有三个特质。

1. 梦想比天大

在"偏执狂"的眼中，梦想比天大，因此他们会将梦想的实现作为自己的永恒追求。

为了实现自己梦想，他们能够全神贯注地投入，不会理会别人的想法和言论。自己认准的事情，无论如何都要排除干扰、克服困难，将它实现。对于他们来说，对梦想的追逐，就是他们存在的意义。

2. 敢于和现实较真

那些追逐梦想的"偏执狂"之所以能成功，是因为不管自己的现状多么困窘，都会和现实较真，不甘于现状。这种敢于与现实较真和对抗的精神，其实是他们对自我的更高的要求。

从心理学角度来看，这类人具有一种终点思维。为了到达梦想的彼岸，他们会殚精竭虑，在没有达到目标之前不断努力。

3. 敢于坚持和冒险

偏执的人，内心十分清楚自己想要的是什么，对自我的边界和底线非常清晰。所以，别人想要说服他们放弃，通常很难。

偏执的人，敢于坚持自我，一旦认准的事情，即便路上充满艰难险阻，他们也会冒险去实现，并始终无怨无悔地坚持到底。他们从来不会给自己找借口，不会因为别人对自己的看法而改变自己的初衷，影响自己努力的动力。也许在他们心中住着一位智者，在他们追逐梦想的路上为他们指明了前进的方向，他们每向前一步，就会提醒当前距离目标还有多远，离梦想实现还有多远。所以，他们总能为了梦想坚持下去。

梦想，因为偏执而有灵魂。在这个世界上，总有那样一群为了梦想而坚持自我、敢于冒险、敢于突破的人。他们对梦想的偏执，绝对超乎你的想象。虽然他们在追逐梦想的路上，很少被人理解，甚至在别人眼中他们是"疯子"。但是，他们坚信自己是正确的，并坚信自己一定会成功。

不可否认，"偏执"是人类的一种稀有品质。那些追求梦想的"偏执狂"如任正非、乔布斯等，无一例外，都将"偏执"发挥到了极致。假如你发现自己身上有一些偏执，不必烦恼，因为你可能会收获不一样的惊喜。

第六章
Chapter 06

坚持终将让你邂逅成功

> 追逐梦想的过程,其实是对追梦人考验的过程。很多时候,我们因为艰难、挫败而情绪波动,纠结自己是否能到达终点,是否能真正走上"云端"。无论你的梦想是什么,无论你处于梦想实现的哪个阶段,无论你此刻内心充斥着什么情绪,请始终记得:坚持终将让你邂逅成功。

耐心做透一件事，才会出现奇迹

有的人，在构筑梦想时信誓旦旦、颇有"不成功誓不罢休"的风范。但在真刀真枪的实操面前，因为偶尔跌倒过一两次就逐渐失去了耐心，并开始退缩。这样的人，始终难以成事。

著名科学家、文学家富兰克林说过："有耐心的人，无往而不利。"既然开始决定做一件事，那么就从一而终，全身心投入，耐心将这件事情做透，才会出现惊人的奇迹。

梦想的实现不是一蹴而就的事情，其本身是一点一点构筑起来的，唯有耐心之人才能怀有一颗不浮躁的心，一直保持一种平稳的心态去实现它。可以说，耐心是最考验人的，你的耐心有多大，你离成功就有多近。

许多有梦想的人，之所以没有成功实现自己的梦想，不是因为自己不够聪明、能力不够，或者对成功的渴望不够，而是缺乏足够的耐心。这类人做事往往不能善始善终，总是轻言放弃，到头来，什么也没做成。

有一个人立志在40岁成为百万富翁。在他35岁的时候，他放弃了工作开始创业，希望能一夜暴富。在之后的五年时间里，他开过咖啡馆、卖过花、开过旅行社，但每次创业都以失败告终。这让他陷入了绝望之中。

一天，他去寻求高僧的帮助。他问高僧："我如何才能成为亿万富翁？请高僧指点。"高僧在简单询问他的创业经历后，带他来到僧庙的庭院当中。庭院大约有一个篮球场那么大，院子中间是一棵茂密的百年老树。高僧给了他一把扫帚，说："如果你能把庭院的落叶清扫干净，我就把如何赚到亿万财富的方法告诉你。"

虽然不屑于扫落叶，但鉴于这亿万财富方法的诱惑，他还是接过了扫帚开始扫地。过了好一会儿，他终于把庭院里的落叶都扫完了。正当他要开心地去找高僧时，一回头却发现地上又掉落了很多树叶。他加快速度又扫了一遍，但地上的落叶依旧那么多。他怒气冲冲地去找高僧，觉得高僧是在戏弄他。

高僧指着落叶说："欲望就像这地上扫不尽的落叶，一层层盖住了你的耐心。耐心是获取财富的通行证。你有亿万的欲望，却只有一天的耐心。就像这落叶，一定要等到冬天才能全部落完，而你却想在一天内就打扫干净。"听了高僧的一番话，他顿时恍然大悟。

扫落叶就像是实现自己的人生梦想，唯有耐心，才能在时机成熟之时收获成功。缺乏耐心，是我们实现梦想的一个巨大阻力。没有耐心，不能把一件事情做透，几乎做不成任何事情。

能够耐心地把一件事情做细做透，直接影响着做事情的效果。梦想，没有大小之分，只有耐心做事，把一件事情做到尽善尽美，那么再平凡的梦想，也能收获奇迹。反之，如果不具备耐心，不能把事情做细做透，再好的机会也会从手中溜走。

爱迪生被誉为"发明大王"，他一生大概有2 000项发明。他的成功，源自耐心做透每一件事。

为了发明灯泡，爱迪生仅在寻找灯泡内的耐热材料上就做过很多努力。因为玻璃灯泡中的耐热材料不好找，一般的物质烧几分钟就断了。为此，爱迪生苦恼不已。

一天，爱迪生突然想起，灯泡里边有空气，而空气中含有氧气，氧气可以烧毁物质。如果把灯泡中的空气抽掉，结果会如何呢？于是，他立即开始了试验，结果发现，抽掉空气后的灯泡照明时间延长了一倍。但即便如此，燃烧时间还是太短了。最终，爱迪生决定在灯丝上下功夫。

他首先用碳化竹丝，然后又用了铂、钡、钌、钼、钛等金属，但效果都差强人意。耗时一年，他试验过的耐热材料达到1 000多种，但依旧以失败告终。面对失败，爱迪生并没有灰心，即便周围很多人对其冷嘲热讽，甚至有期刊专门发表了一篇题为《爱迪生先生发明了什么》的文章，里面有不少诋毁他的话语，但爱迪生对此不屑一顾，他又重新开始了试验。一次偶然的机会，爱迪生发现棉纱烤焦后可以作为灯丝使用，竟然连续燃烧了45小时。这比其他金属的时间长了很多。之后，爱迪生经过一次次试验，使得灯泡的寿命逐渐提升，100小时，120小时，直到1 200小时。但爱迪生对此依旧不满意。最终，爱迪生将灯丝改为钨丝，使得灯泡的寿命提升到了2 000小时以上。爱迪生从开始试验灯丝到最终灯泡使用钨丝，整个过程花费了10年时间，进行了50 000多次试验才获得成功。

爱迪生用了10年时间来寻找灯丝耐热材料，最终，他把灯丝研究透了，做透了，照亮世界的同时，也照亮了自己的梦想。

正所谓："天下难事，必作于易；天下大事，必作于细。"梦想的成功实现，是一个人坚持努力和不断积累的结果，更是做事情追求完美、追求极致的最佳诠释。如果你追求卓越、渴望梦想成功实现，那么唯有耐心地把一件事做透，才是走向成功的最佳途径。

熬过今天和明天，未来的人生繁花似锦

在追逐梦想的路上，也许有的人心里曾经受过创伤，受过别人的嘲讽、谩骂、不理解；也许有人经历过坎坷、挫折，甚至是失败，使他惧怕、懦弱。但请不要忘记，只要心里还有一丝曙光，那么成功在望；只要熬过今天和明天，未来可期。

梦想也许今天无法实现，也许明天也不行，但只要今天的自己比昨天的自己更努力，就会距离梦想更近一步。

一个园艺所贴出了一则启示，征求纯白色金盏花，并给出了十分高昂的奖金作为回报。喜欢研究花卉、善于观察的人都知道，在自然界中，金盏花的颜色通常只有金色和棕色两种，要培

育出白色的金盏花，成功的概率极小。在得知培育白色金盏花是不可能的事情，很多人都放弃了。

也有少数人为了高昂的奖金跃跃欲试，但他们熬了一两年后，最终还是打了退堂鼓。

事情过去了20年，一天，园艺所意外收到了一封应征信和一粒纯白色的金盏花种子。这位邮寄种子的人，是一位年逾古稀的老妇人。她一生都喜欢研究花卉，是一个地地道道的爱花之人。20年前，她看到启示后怦然心动，决定自己亲自试一试。这一试就是20年。期间，她不顾儿女们的反对，就这样义无反顾地从一颗最普通的种子开始，每天精心侍弄。一年之后，她种的金盏花开了，她从所有种子中精心挑选出一朵颜色最淡的金盏花，然后等到花落结种之时收取最好的种子。第二年，她又把这颗种子再种下去。然后在第三年，再挑出颜色更淡的种子种下去。就这样，日复一日，年复一年，春种秋收，周而复始。老人的丈夫去世了，儿女们也都远走了，她的生活发生了很大的变化，但她种出白金盏花的梦想却在她的心中从未改变。就这样，20年后，老妇人终于实现了梦想，培育出了白色的金盏花。

梦想是美好的，但多少人因为没能坚持下来而错失了生命中一次美丽的花期。对于他们而言，梦想只不过是转瞬即逝的彩虹。然而，老妇人却意志坚定地熬过了等待期，在20年后收获了自己的优秀成果。

这个世界上，最平常的人是那些追逐梦想时跌倒的人；最勇敢的人是那些每次跌倒后都能站起来的人；最成功的人是那些不但跌倒能爬起来，而且还能继续朝着梦想的方向努力奔跑的人。

我们完全有理由认为，所有成功的追梦人都是不会被挫折和失败阻拦的勇士。他们踏实地做好当下，眼睛眺望着明天的目标，心里怀揣着美好的未来。他们不会因为今天的挫折而退缩，也不会因为明天的不确定而有所顾虑。

就像一代文豪泰戈尔说的那样："上天完全是为了坚强你的意志，才在道路上设下重重障碍。"面对磨难时，如果只知道一味地回避风险，一味地怀疑自己，不做大胆的尝试，那么很容易被心里的无形障碍所阻拦，永远也无法感受到梦想实现那一刻的幸福。

杰出的企业家艾柯卡在经营管理福特和克莱斯勒两大汽车公司的生涯中，创造出了许多惊人的奇迹。他的座右铭是："不要怕遭遇折磨，往往是折磨让你奋力向前。"

艾柯卡从小就喜欢汽车，梦想着长大后能够在销售领域有所建树。在他22岁时，大学毕业的艾柯卡成功进入一家福特汽车公司做起了一名见习工程师，专门设计离合器上的弹簧。他整天坐在办公室里画草图，心里有些不耐烦，因为他认为自己不应该把时间用在这里。于是，他找到上司表明心迹。由于他学的专业是工程技术，上司自然不愿意让他干销售。在他的再三坚持下，上司让步了。

在福特公司的汽车销量疲软时，他所负责的区域情况更糟糕。于是，他想出了一个方法：分期付款。这种贷款支付方式一经推出，他所在区域的销量扶摇直上，从最后一名直接上升到第一名。他也被提拔为福特公司货车和小汽车两个销售部的经理。正当他的事业平步青云之时，却收到了公司董事长给他的开除通知。

他对此感到十分不公，也心有不甘，但痛定思痛后，他并没有因此放弃自己的梦想。当时克莱斯勒汽车公司正面临倒闭的危险，急需有人力挽狂澜。于是，他决定去克莱斯勒公司啃这块难啃的骨头。没想到的是，他居然成功地将克莱斯勒从崩盘的边缘挽救回来，还给克莱斯勒公司带来了新的生机。

在他的回忆录中提到，他的父亲对自己的影响最为深刻。他的父亲总是教导他在遇到紧急情况和磨难时，要保持"先别急，等一等""太阳还会照常出来"的冷静态度，他也因此在面对重大决策、挫折时总能保持清醒的头脑，并告诫自己，此刻看起来虽然艰难，但这种艰难迟早会过去。

人生总有失意和不幸之时，经不住磨难的人，梦想难以成真。而且，这个世界上的一切都在飞快变化，包括你对磨难的感受。最初的磨难对于你来说是痛苦的，但随着时光的飞逝，你对磨难的理解也会发生改变。你会发现，其实磨难可以让你变得更加坚强，让你更有将所有磨难踩在脚下的信心和决心。

所以，在追梦的路上，要学会正视你人生中经历的每一次磨难。你经历的每一次风霜，都是在为迎接繁花似锦的人生积蓄力量。

不放弃就有机会成功

有个成语叫"滴水石穿",一滴水的力量虽然看似渺小微弱,但只要不放弃,也有击穿石头的能力。同样,作为一个有梦想的人,成功往往贵在失败后的坚持。只要不放弃,哪怕只有很小的机会,总归也是有成功的希望;但如果就此放弃了,失败也就成了最终的结局。

失败者与成功者之间的差距在于,失败者是在抵达成功之前放弃的人,而成功者则是在失败后依然能向着梦想奔跑追逐的人。

在人们追逐自己淘金梦的时代,青年农民达比也想加入淘金大军的行列。于是,他卖掉了自己的全部家产,来到科罗拉多州追寻自己的黄金梦。他经过勘测,选好了一块地,然后便开始用十字镐和铁锹着手去挖金矿。十天过去了，达比的努力没有白费，在看到了闪闪发光的金矿石时，他的内心激动不已。由于越往下，地质越坚硬，必须用机器来完成。他只好悄悄地把金矿掩埋好，然后回家筹钱买机器。

好不容易东拼西凑买来了机器，结果发现挖出来的是一块普通的大石头。没有挖出金子，每天还要支付工人的工资，他手里的钱已经承受不住越来越大的开支了。于是，达比只好把机器当作废铁卖给了一个回收废品的人，然后卷铺盖回家了。

收废品的人请来一位专业工程师对现场进行了勘察，得出的结论是："如果再挖三尺，就可能挖到金矿。"收废品的人按照工程师的指点，在达比的基础上继续往下挖。果然，在向下挖了三尺之后，他就看到了丰富的金矿，他也因此获得了巨额的财富。

收废品的人挖到金矿的新闻一出，达比气得捶胸顿足，追悔莫及。

追梦的路上，困境、坎坷是不可避免的，但并不是不可战胜的。如果你有99%想要成功的欲望和努力的动力，却有1%想要放弃的念头，那么失败注定属于你。正所谓，"锲而舍之，朽木不折；锲而不舍，金石可镂。"

其实，成就梦想的路上并不拥挤，因为放弃的人多，坚持的人少。不经一番寒彻骨，哪得梅花扑鼻香？不经历风雨，怎能见彩虹？放弃，是一个念头；不放弃，是一种信念。所有的成功追梦人，都因为心中的信念而倔强地选择不放弃。这类人虽占少数，但他们却因此实现了自己的人生梦想。

肯德基创始人Sanders出生在一个农民家庭。在他6岁的时候，父亲因发烧去世了，全家的重担都落在了母亲肩上。从10岁开始，Sanders就开始打工挣钱。

在20岁之前，他当过农夫，开过公交车，参过军，做过铁匠助手等。此后，他意识到给人打工永远难以实现财富自由，于是立志创建属于自己的公司。

30岁的时候，Sanders在积累了一定的积蓄后，开了一家轮渡公司，但后来政府在他经营的河流上造了一座桥。没有了生意，他只能被迫关门了。37岁，他开了一家加油站，但遇到了经济大萧条，于是他破产了。40岁的时候，他又一次开了一个加油站，顺便向客人售卖炸鸡，以此来增加收入。由于炸鸡很受欢迎，他就干脆关了加油站，将炸鸡生意做大，开了一家餐厅。49岁的时候，Sanders研发了一个炸鸡秘方，终于做出了理想味道的炸鸡，但他的餐厅却被一场大火烧掉了。

但是，他并没有就此放弃，而是重建了餐厅，并为炸鸡申请了专利。52岁，正当Sanders生意不错的时候，由于他餐厅的位置刚好要修建一条公路，他不得不把这家自己一手经营起来的餐厅卖掉。Sanders对此并不甘心，在他53岁那年，他重新开了一家店，命名为"肯德基"。

在他66岁的时候，Sanders突然有一个梦想，就是将自己炸鸡秘方的特许经营权卖出去。于是他一边经营自己的餐厅，一边在全国各地演讲和推销特许经营权。

在经历了超过1 009次拒绝之后，在Sanders74岁的时候，终于找到了合作伙伴。随后有越来越多的餐厅前来与他合作，签下特许合约。自此，肯德基风靡全球。

肯德基创始人Sanders的成功源自对梦想的不放弃。如果在一次或几次失败后，Sanders就放弃了自己的创业梦想，也就不会有后来成功的事业以及风靡全球的肯德基了。

梦想，有了开始，才会有以后；有了坚持，才可能会有结果。坚持梦想，哪有什么值不值得，只有我们愿不愿意。只要我们愿意，即便追逐梦想这条路再艰难，都是值得的。

曾国藩说过一个经典的词"屡败屡战"。幕僚人员在汇报战况时，说的是"屡战屡败"，他却稍微做了一下改动，变成了越挫越勇、虽败仍不弃的"屡败屡战"。只是换了一种表达方式，就将一个原本不堪、毫无希望的惨剧，扭转为一种暂时失利但士气长存的局面。所以说，同一件事情，同一个处境，只要内心不放弃，对未来充满信心，敢于抵抗一切风和雨，就有可能收获成功。

成功需要坚持，更需要正确地坚持

柏拉图说："成功的唯一秘诀就是坚持到最后一分钟。"的确，这世间，一颗永不放弃的心，比钻石还要珍贵。

世界上很多事情之所以没有成功，就是因为他们没有坚持到最后一分钟。但人生最大的遗憾，莫过于错误地坚持了不该坚持的，轻易放弃了不该放弃的。所以，成功需要坚持，更需要正确地坚持。

所谓的"正确地坚持"，其实就是在坚持梦想的时候，要注入智慧，而不是傻坚持；要懂得反思，而不是错误坚持；要懂得预判，而不是盲目坚持。

人是有思想的动物，对于梦想的追逐，可以充分动用我们的思维，充分发挥我们能识善辨的能力，这样我们所坚持的梦想，才更有意义。

很多人因为对梦想的狂热，不假思索地开始奋斗，又毫不理性地坚持着，这样的人，即便你坚持的初衷是好的，但最初的方向是错误的，你所做的坚持，最终也不会有好的结果。正确地坚持，会让我们节省很多时间，少走很多弯路。然而，最害怕的是，我们无法面对执拗的内心，明知道自己在做错误的坚持，却还依然坚持。这样的坚持，是一种愚昧的表现。

同一个梦想，不同的两个人，正确的坚持和错误的坚持，结局却会相差十万八千里。

万强和冯辉是发小，他们从小就有一个足球梦，希望长大后能够像那些足球明星一样，在足球场上展现自己的魅力。他们把所有的课余时间都用来踢足球。

上初中时，两人到不同的地方上学，联系得没有以前多，但他们的梦想始终没变，两个人各有各的练习方法。万强主要从那些专业的足球课程教材中学习，精通各种基本技术、战术、竞赛规则等。奇怪的是，每次一进行实战比赛的时候，万强总是进球很少，在队员配合上也缺乏默契。万强认为自己从教科书上学到的东西自然不会错，只是认为自己可能学得还不够精不够专。所以，他依旧坚持钻研教材，却不注重技术上的提升。

冯辉不但学习专业的足球课程教材，还经常观看顶级球员踢球的精彩视频，并从中学习他们的动作。渐渐地，冯辉掌握了很多厉害的足球动作，如马休斯假动作、横向拉球过人、急停变向过人、蝴蝶步、钟摆式过人、倒挂金钩等。在实战中，冯辉以惊人的反应速度和配合默契度，频频进球得分。但冯辉觉得自己离足球梦很遥远，还需要不断努力。他每天坚持边学习，边做总结，边练习。

在一次练习时，两人聊起了梦想，聊起了彼此的心得，万强意识到自己的问题后，马上做出改进，调整了自己学习的方式方法，最终，他的足球技术得到了有效的提升。在一次当地体育局举办的足球比赛中，万强和冯辉都以出色的表现赢得了观众的掌声。

万强和冯辉都为自己的梦想坚持不懈，但这种坚持正确与否却影响着梦想成功实现的速度。如果你为了梦想坚持再三，却依旧不成功，不妨停下脚步，重新思考你所坚持的是否正确。停下来思考，只是按下了追梦的暂停键，是为了朝着梦想更好地加速前行。

谁都渴望快速实现自己的梦想，但用思想辅助行动，可以让你的坚持朝着更加正确的方向进行。持续的努力需要正确的坚持，否则你的坚持只能是无用功。正确地坚持，就应当讲方法、重效率。除了寻找有效坚持的方法之外，还需要对自己走过的路加以回顾、思考与总结，这个过程中往往会迸发出更多的好方法。

成功在于正确地坚持。远方的美景、成功的喜悦属于那些为了梦想，正确坚持的人。

对自己狠一点，才能离成功更近一点

这个世界上，被称为天才的人少之又少，大多数人是平凡人。为什么有的平凡人却能在追逐自己梦想的路上表现得非常优秀，能够取得成功？

这与个人的努力程度是分不开的。如果不够努力，天才也会变得平庸。这就好比那些生长在极端恶劣环境中的奇花异草，它们虽然貌不惊人，却能与恶劣环境作斗争，最终磨练出比温室小花朵更加顽强的生命力。

我们是否认真思考过，我们真的为了梦想做了足够多的努力了吗？当我们感到有所懈怠、动力不足、坚持不下去的时候，不狠心逼自己一把，永远也不知道自己的潜力有多大，永远也不知道成功何时才能垂青自己。

任正非在创建华为初期，带着6个合伙人，拿着两万多元，在工商局注册了华为通信技术有限公司。由于资金短缺，华为就在两间简易房里正式落成了。

起初，华为的主要业务是做程控交换机代理，任正非每天跑销售、联系厂商出售产品。后来，虽然积累了一些资金，但技术、经验、资金、方法等方面却严重滞后。此时，他想要进行产品创新，研发属于自己的小型程控交换机。

任正非还在深圳的宝安县租了一个厂房，作为交换机的研发基地。公司开始的时候非常艰难，他们将整层楼进行分割，形成单板、电源、总测、准备四个工作区域。剩余的空间则做成厨房和宿舍。十几张床挨着墙一字排开，床不够用，就用泡沫板加上床垫代替。白天的时候，就将床垫卷起来放在办公桌的下面。午休的时候，员工席地而卧；晚上加班的时候，不回宿舍，累了就躺在这张床垫上，休息一会儿，醒了爬起来继续干。就连任正非本人的办公室里也有一张简陋的小床，他甚至已经把这里当成了自己的家。直到今天，任正非的办公室里还有一张简陋的小床。

由于当时条件有限，没有空调，任正非和员工们只能在40多度的高温下挥汗如雨地工作。任正非更是身体力行，整日泡在公司里，同员工们商讨、研究方案。

谁也没想到，当时已经44岁的任正非，竟然凭借着一股狠劲，在艰苦的环境下坚持不懈，最终一步步把华为做成了大企业，把自己逼成了一个卓越的企业家，甚至还在通信制造业创造了惊人的奇迹。

我们经常听到这样一句话："懂得坚持的人，对自己狠的人，必定是不凡的人。"可见，任正非的成功绝非偶然。任正非成功实现了自己的创业梦想，成为中国极具影响力的商界领袖，原因就在于他能够时刻不忘"对自己狠一点"。正如任正非本人所说的："一个人对自己都不狠，哪里来的战斗力？"

很多人有十分宏伟的梦想，但真正在实现梦想时，却是在"糊弄"，抱着一种顺其自然的"佛系"心态。这样的人，只能称为一个优秀的"造梦者"，永远不可能有什么作为。想要实现梦想，必须要对自己狠一点。

那么，如何才能对自己狠一点呢？如何才能狠到点子上呢？

1. 心理暗示

很多时候，一个人能够发挥出超过自身能力或实力的能量，就是源于心理暗示的力量。

心理暗示是影响潜意识的最有效方式，可以通过语言或者感觉性揭示，唤起人们一系列能够超出人们身体的控制能力，指导人们的思维、行为向好的方向发展，也可以向相反的方向发展。暗示中蕴含着一种超乎想象和不可抗拒的力量。

因此，我们要想实现梦想、达成目标，就应当对自己进行有效的心理暗示。在积极的心理暗示作用下，我们的思维、行动就会向着这方面去发展，最终达成目标。

2. 严格自律

严格自律的人，能够把自己的日子过得像钟表一样有规律。任何事情在他们眼中都无小事，都能精确到每一个细节，哪怕外界有百般干扰，自律的人依然能保持高效和专注，能数十年如一日地坚持同一件事情，直至梦想实现的那一天。

3. 自我反思

每个人的命运都掌握在自己手中，成功者总是能在艰难的时刻，迎难而上，因为他们明白，一个只停留在口头上的梦想毫无价值和意义；失败者失败的原因在于，他们整天都在做人生规划，却一直没有拿出有效的举措。

在追梦路上，遇到问题并不可怕，重要的是你能做到"人间清醒"，要不断反思自己哪里做得还不够好？哪里还需要再加把劲？当你反省自我，并勇敢地驱逐内心的软弱时，你离实现梦想也就不远了。

要敢于对自己狠一点，你的努力、你的坚持，总有一天会换来相应的回报。

第七章
Chapter 07

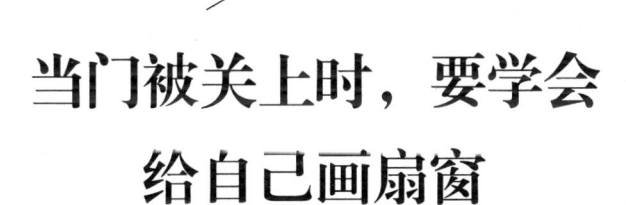

当门被关上时，要学会给自己画扇窗

> 我们常说："上天在关上门的时候，总会为你打开一扇窗。"但如果你在追梦的过程中，上天忘记为你打开一扇窗或者迟迟不为你打开一扇窗，你是否考虑该做点什么？是抱怨上天的不公？还是坐等那扇窗？最好的方法就是学会给自己画扇窗。心存希望，梦想成真就有希望。

一次失败并不意味着天塌下来了

俗话说："欲戴王冠，必承其重。"想要成功实现自己的梦想，就要有经历多次失败的准备。不要在碰到一次失败时，就觉得天塌下来了。一次失败，并不代表永远失败，只要用心正确地对待，成功的大门终将为你打开。

那么，如何正确对待失败，加速梦想的实现呢？

1. 重拾信心

知名作家诺曼·文森特·皮尔说过一句话："确信自己被打败了，而且长时间有这种失败感，那失败可能会变成事实。"的确，没有人在追逐梦想的路上会从不失败。但如果你因为一次失败就颓废了，那么你将永远不会成功；如果你不承认失败，认为这一次失败只是对自己的一种考验，并重拾信心继续为自己的人生梦想而努力，那么你就会有成功的那一天。

2. 学习经验

"失败乃成功之母。"失败并不可怕，可怕的是你不知道如何将失败为己所用。如果我们能从失败中总结出经验教训，那么我们将收获许多意想不到的益处。学习是应对失败、加速成功的明智之举。

不要轻视任何一次失败，每一次失败其实都是一盏明灯，只要善于利用，就能从中找到成功的机会，指引我们朝着梦想的方向前行。

3. 改变思路

正所谓："思路就是出路，思变才有更好的出路。"当我们面临失败时，如果能用正确的思路扭转眼前的失败，那么我们的梦想还是会有实现的可能。寻找新思路，找到新出路，你就会发现，其实你并没有走进死胡同，你的人生梦想还有转机。

一个年轻人从小就拜师学画，梦想着自己能成为著名的画家。长大后，为了实现自己的梦想，他倾尽家产，租下巴黎最著名的艺术街上的一家铺子。这条街在当地十分有名，许多大腕画家都会在这里展示自己的作品，并进行售卖。不少价值不菲的艺术品都是从这里被买走的。

他的画廊文艺气息浓厚，店里展示了很多他认为不错、能卖上好价钱的作品，可是生意一直清淡。后来他发现，其实这条艺术街上的画廊已经处于饱和状态。除了几家在装饰上特别讲究、给人以高大上感觉的知名画廊之外，其他的小画廊，简直无人问津。但他还是想着再撑一个月，如果实在没生意就不干了。

  一天，他带着沉闷的心情走进了一家街头的咖啡馆。只见这家咖啡馆里顾客络绎不绝，他不禁想起了自己的画廊。突然，他的脑海里闪过一个念头：为何不在艺术街上开一家咖啡屋呢？

  几天之后，他的咖啡屋开张了。虽然店面不算大，却与众不同，吸引顾客的除了浓郁的咖啡香味，还有墙上挂着的一幅幅精美的画作。人们一边喝咖啡，一边欣赏着画。渐渐地，他的咖啡屋一炮而红，成为整个艺术街上的"明星"铺子。越来越多的人慕名前来。这使得他的咖啡屋，享誉了整个巴黎，他的作品也被人们抢购一空。

如果不是转变思路，这位画家的铺子估计早已关门大吉了。但是新的经营模式却使他的画作有机会被更多的人看见，最终实现了他的画家梦。

  这位画家的故事告诉我们：凡事没有死胡同，只要善于思变，就可以实现美好的梦想。

4. 迂回前进

  条条大路通罗马。在一次尝试失败后，选择迂回前进，也是成功实现梦想的一种方式。迂回着达到自己的目标，才是真正的大智慧。

史泰龙小时候家庭条件很差，被人瞧不起，所以他立志要改变现状，让家人过上更好的生活。起初，由于学历不够，又没有本钱，他完全不知道自己可以做什么。后来，一次偶然的机会，他认为当演员是自己最好的出路，可以让他名利双收。但他长相不够英俊，也没受过专业的训练，并不具备做演员的条件。他找过好多明星、导演、制片人，希望他们给自己一次机会，但都被无情地拒绝了。

每次失败，他都不会气馁，而是会做反思、检讨和学习。后来，他想："既然不能直接成功，是否应该换一个方法？"于是，他就采取了迂回战术：先写剧本，当剧本被导演看中之后，再要求当演员。

一年后，他的剧本诞生了，普遍反响不错。当他再次提出自己想当演员时，大家都认为他在开玩笑。最后，在他的恳求下，一个之前拒绝过他无数次的导演被他的精神感动了，愿意给他一次机会。没想到，史泰龙居然成功了。

如果我们难以直达梦想的彼岸，聪明的人能看到直中之曲和曲中之直，会选择用迂回战术来达到既定的目标。所以，要学会从多维度思考问题，从容应对失败。

成功属于那些能够正确面对失败的人。无论失败的心情令自己多么沮丧，都要学会让自己保持正确的思维，让自己保持乐观，面带微笑继续前行。接下来，你在追逐梦想的路上，一切美好的事情都有可能发生。

心存希望，成功自会降临

梦想伴随我们每一个人，那是因为梦想是美丽的，它是人们心底最期待的东西，因此梦想成为人们长久以来的信仰。有梦想的人生，才会有希望；内心充满希望的人，梦想才会成真。

对于心存希望的人来说，每天的太阳都是崭新的。其实，希望就是点燃人生信念的一盏明灯。即使在遇到困难时，依然可以让人信心满满，不畏艰难，跨过追梦路上的每一道沟壑；在遇到喧嚣和诱惑时，保持头脑的清醒，朝着梦想的方向前行。

1879年，法国洛满镇上经常能看到一个忙碌的身影，他是邮差薛瓦勒。一天，薛瓦勒由于走得太匆忙，不小心被一块石头绊倒。当他爬起来，拍了拍身上的灰土后，却发现这块石头的与众不同之处。随即，他的脑海中产生了一个伟大的念头：如果能用这样的石头打造一座城堡，那将会是多么迷人的壮举。于是，薛瓦勒每天在送信的途中会顺路找来一些奇形怪状的石头。后来，薛瓦勒干脆推着独轮车送信。这样，只要看到中意的石头，他就会将它们装进车里。有的人嘲笑薛瓦勒，认为薛瓦勒这样完全是蚂蚁搬家，是自讨苦吃，要到猴年马月才能实现他的城堡梦；也有人劝说他放弃这个不切实际的梦想。但薛瓦勒却认为，即便自己积攒的这些石头数量离建造一座城堡相差甚远，但只要肯坚持，终归是有希望建起一座漂亮的城堡的。所以，对于自己的梦想，他依旧乐此不彼。

就这样，34年的时间过去了。1912年，一座童话城堡居然梦幻般地出现在了人们面前。这个城堡被称为"邮差薛瓦勒之理想宫"，也因此成为法国最著名的风景旅游景点。就连举世闻名的大画家毕加索也专程前往参观这个举世无双的梦想之地。如今，这座城堡已经成为世界现代艺术史上一件珍贵的艺术品。

人类总是因梦想而伟大，人生总是因梦想而精彩。薛瓦勒是一个地地道道的追梦人，也正是因为一直心怀希望，一直都在为了自己的梦想努力奔跑着，薛瓦勒才成功实现了城堡建造之梦。城堡固然美轮美奂、让人惊叹，但相信更加让人为之感到震撼的并不是城堡，而是薛瓦勒几十年来一直坚守的那份永不褪色的希望。

真正心存希望的人，无论在梦想的哪个阶段，无论遇到何种诋毁和嘲笑，无论身处什么样的逆境，无论梦想有多遥远，都能坦然面对。他们的内心就像装了一台发动机，总是会为了梦想激情澎湃，充满力量。他们从不将别人的诋毁和嘲笑放在心上，因为他们相信，逆境在下一秒就会转变。这样的人，总是能带着希望，大胆地追逐自己的梦想。

我们来到这个世界，所有的人生经历都不是命运的预设，也不是上天为我们规划好的路线。在实现梦想的路上，起落本就存在。对梦想的希望，并没有那么难预测，只要我们愿意，抬眼就能看到。只是许多人被头顶上一片小小的乌云蒙住了双眼，看不到希望。

在被乌云暂时笼罩的日子里，我们要学会在心中给自己描绘希望，使自己变得坚强。今天付出一分努力，可以换回明天十分的幸运。心怀希望，追逐梦想的路才不会越走越窄，或许在下一个路口，你会发现，你离梦想只有一步之遥。

有一个年轻人因为厌倦了当农夫的生活，便舍弃了家中的良田，只身来到城里闯荡。一晃，半年时间过去了，他始终没有找到一份满意的工作，带的钱也都花光了，最后不得不以乞讨为生。

一天，他听说南山上有一位神秘的智者，他决定去拜访这位智者，向他请教一个改变命运、通往致富之路的秘诀。找到智者后，智者并没有因为他是乞丐打扮就轻视他，而是递上了一杯茶，然后问道："你有什么需要帮助的吗？"他说出了心中所想。智者问他："你如今为何会沦为乞丐？"他惭愧地说："因为不再想过农民劳累的日子，但没想到在城里打工也并没有我想象中那么容易。""那你为何不重新回去种地呢?"他低头说道:"我现在已经沦为乞丐了,没脸再回去了。"智者又问:"那你现在家里还剩下什么?"他回答道:"只有我和几亩地。"智者点了点头说:"这两个就是你改变命运、通往致富之路的关键。"随后,智者给了他一包花籽,又说:"我需要你拉来一马车花瓣,这是你致富的引子。"受到智者点拨之后,虽然心中有些疑惑,但他还是满怀希望地回到乡下开始播种花籽。

两年过去了,他辛勤耕作,收获了满满一大马车晾干的花瓣,拉到智者面前,请求智者告诉他致富的秘诀。智者笑着告诉他:"这车花瓣就是你炼出来的金子呀!"原来,这种花瓣是一种名贵药材。智者告诉他,他可以把这些药材卖给药铺。由于他的花瓣品质好,价格低,药店老板们纷纷前来抢购。

赚了钱之后,他去答谢智者:"谢谢你改变了我的命运。"智者笑着摇了摇头说:"是你心中的希望让你改变了自己的命运,我只是提醒了你一下而已。"

每一个梦想的成功机会,其实都孕育在希望当中。心怀希望,才能让人沉下心来,心无旁骛地去做自己该做的事情。

希望就是克服一切的法宝,也是无数次给你力量的武器。当你为梦想而战感到累时,吃一颗"希望之糖",就会重新获得朝气蓬勃的力量。因为希望,累并快乐着;因为希望,梦想成功在望。

打败自己的不是现实,而是自己

人总是趋利避害的,这是人的天性。实现趋利避害,需要两个条件。

一是辨别利益是非。这要靠一个人的智慧。这一点对于绝大多数人来说,要做到并不难。

二是不断战胜自己。许多人吃亏就在于无法战胜自己。就像是人人都知道吸烟有害健康,但不少人却照抽不误。

每一个追梦人都会走到艰难的境地,有的人也会在挣扎之后,敌不过过内心的恐惧而选择放弃。在面对糟糕情况的时候,人们总是充满焦虑和恐惧,这样的情绪能直接从精神上摧毁人的自信,其带来的负面影响,甚至已经超过了糟糕情况本身。这也就是为什么人们很难跳出自己的舒适区的原因。

人们总是希望通过阶段性的成功来维持自己的自信，如果没有取得阶段性的成功，那么就意味着在未来的一段时间内，并没有什么成果来维持自己的自信，因此内心就会因为各种困难而产生挫败感。在这种挫败感的驱使下，人们往往会做出远离挫败感的举动。这样，在这种趋利避害的心理作用下，最初的梦想也会就此放弃。所以，打败你的从来不是现实，而是你自己。

一个人的意志一旦消失，那么自己将是追逐梦想路上最可怕的"杀手"。一个人，如果放弃了自己，放弃了追逐的梦想，那么这个人的人生是失败的，也是可悲的。

当我们身陷困苦和挫折当中时，不要轻易向现实低头，不要轻言放弃，而是要学会自我救赎。把自己从泥潭中解救出来，才能重获追逐梦想的力量，重获对抗现实的力量。

那么，如何才能做到自我救赎，不被自己所打败呢？

1. 保持冷静的心态

很多人在遇到挫折时，他们的情绪是极不平静的，或是抱怨，或是悔恨，然而这一切都将梦想停留在了嘴上。时间一长，人就容易在不知不觉中放弃自己的梦想，甚至会对自己实现梦想的能力产生质疑。

最好的做法就是让自己保持冷静，换一种心态去面对挫折，并在心里不断督促自己改变现状，重复告诉自己"我能行"，这样，你的信心就会逐步建立起来了。

保持冷静是我们战胜挫折的筹码。

2. 抓住机遇谋翻身

在重建了信心之后,就需要在自我积淀的同时,等待一个天时、地利、人和的翻身机遇。机遇并不是随时都有的,有时是可遇而不可求的。要想在失败后再翻身,就需要随时观察,抓住机遇。当时机成熟之时,便是你厚积薄发之日。

雷军追逐自己的创业梦想时,也经历过非常惨痛的失败。雷军大学学的是计算机专业,他梦想着自己未来能在计算机领域有所建树。在大学期间,他仅用了两年时间就修完了所有的课程。之后,他一边学习,一边出去"闯荡江湖"。他混迹在各家电脑公司当中,哪家公司有技术难题,他都会去帮忙。那时他酷爱写程序,写过加密软件、杀毒软件、财务软件、CAD软件以及各种实用小工具等。

大四的时候,雷军在图书馆看完《硅谷之火》后,被乔布斯的故事所吸引。他立志要办一家全世界最厉害的软件公司。在程序领域摸爬滚打的时候,他认识了三位代码牛人,于是就和他们一起创业。高涨的创业热情很快被残酷的现实浇灭,他们的产品卖不上价,所以没赚到什么钱。在入不敷出的情况下,不得不宣布公司解散。

毕业后,雷军便进入金山软件公司韬光养晦。直到2010年,智能手机行业快速发展,雷军认为这是重新创业的好时机。他全面挖掘自己的人脉资源,聚集了其他六位创始人,合力打造了小米公司，更是以令世界惊讶的小米速度缔造了小米帝国。

雷军并没有被残酷的现实打败，没有因为一次惨痛的失败就放弃自己的梦想，而是像鹰蹲守猎物一样，以更加敏锐的眼光洞察时世，抓住时机，重新上路。最终，他成功了，实现了自己的超级互联网梦想。

所以，如果上天关上了你通往成功的大门时，不要灰心，尝试着打开心中的那扇窗。缰绳只能拴住被降服的马，失败只能摆布逃避的人。如果你足够勇敢，再糟糕的现实也打不败心中怀揣梦想的你。

绝路就是最好的出路

当我们选择做追梦人的那一刻起,就注定我们要走一条不平凡的道路。

尽管有的时候,我们以为自己已经山穷水尽、走投无路了,但其实那是一条很好的出路。正如古诗有云:"山重水复疑无路,柳暗花明又一村。"

在伊朗德黑兰,有一座著名的皇宫——古列斯坦皇宫,因为其独特的建筑风格成为伊朗建筑中的精华。其中,最具特色的是明镜殿是世界上最漂亮的马赛克建筑。殿里的天花板和四壁看上去就像是由一颗颗璀璨夺目的钻石镶嵌而成。走近细看,才会发现,原来那些闪闪发光的"钻石"，其实就是普普通通的镜子碎片。

当初，这座宫殿在设计的时候，设计师本来打算在墙上镶嵌一面硕大的镜子，而并不是这些镜子碎片。但由于镜子太大了，从国外运抵工地时，人们惊恐地发现镜子已经被打碎了。承运人忍痛将这些镜子碎片丢到了垃圾堆里。设计师看到后，内心很难过，镜子一碎，感觉自己的设计梦想也碎了一地。但他并没有为此大发雷霆，而是下令将所有丢弃的镜子碎片捡回来，让工匠们将原本残破的镜片砸成更小的碎片。之后，工匠们再按照设计师的构思，将那些碎片镶嵌在墙壁和天花板上。就这样，碎了的镜片就成了美丽的"钻石"，也成就了古列斯坦皇宫的美誉。

当梦想的镜子被打碎，让我们陷入绝境时，千万不要沮丧，更不要认为自己注定就是个失败者，应当像那位设计师一样，在绝境中寻找转机。

其实，在强者和智者眼中，陷入绝境并没有那么可怕。巴尔扎克也曾说过："世界上的事情，永远不是绝对的，结果完全因人而异。不幸对于强者是垫脚石，对于能干的人是一笔财富，对于弱者则是一个万丈深渊。"

所以，在为了梦想努力奔跑的时候，我们要做的就是斩断所有的安逸，把自己逼上绝路。

一个人在高山之巅的鹰巢里抓到了一只幼鹰，他把幼鹰带回家，养在鸡笼里。这只幼鹰和鸡一起啄食、嬉闹和休息，它一直以为自己是一只鸡。这只鹰渐渐长大，羽翼丰满了，主人想把它训练成猎鹰，可是由于终日和鸡混在一起，它已经变得和鸡一样，根本没有飞翔的愿望了。主人试了各种办法都毫无效果。最后，主人把它带到山顶上，一手将它扔了出去。一直往下掉的这只鹰在慌乱之中拼命地扑打翅膀，就这样，它竟然奇迹般地飞了起来！

如果不是把鹰逼上绝路，它可能永远都会以为自己是一只鸡，永远也不会有飞翔的机会，也不会有在天空自由翱翔的感受。我们在实现梦想的路上也是如此，当所有路都走不通的时候，我们也可以试试把自己逼上绝路。

任正非自从大学毕业后，一直都是在部队生活，当了十几年的基建工程兵，过了十几年的军旅生活，已经让他完全适应，并形成了一种依赖感，没有生活压力，不用为生计发愁。从部队出来后，任正非决定下海经商。

正在此时，任正非收到了上级的通知，因为国家重视技术骨干的培养和任用，所以他作为一名基建工程兵，可以享受特殊的待遇：去军事科研基地工作，可带家属。这对于任正非来说已经是再好不过的安排了。

但已经有了全新梦想的任正非做出了一个惊人的决定："放弃军旅生涯。"这也使得任正非踏上了他的另一段人生征程。

当时国家正在加大经济特区建设的力度，任正非选择在深圳创业。起初，他在朋友的帮助下做起了代理程控交换机的生意。在卖设备的过程中，任正非看到了当时中国电信行业对程控交换机的渴望，同时也发现整个市场被跨国公司把持，民族企业在该领域完全没有立足之地。此时任正非决定自己做研发。于是，他创建了华为通信技术有限公司。如今的华为，生意做得风生水起，已经是行业中的佼佼者了。

成功对于每个人来说，机会均等。如果你在实现梦想的路上，舍不得为难自己，那么上天就会为难你，使你的梦想永远可望而不可即。

有时候，绝路就是最好的出路。只有身处绝路时，才能让自己全身心地投入，更加专注于实现自己的梦想，为梦想全力以赴。在绝路上求生路，这并不是一种侥幸，而是一种智慧。如果不是当时任正非将自己"再好不过的安排"舍弃，也就不会有如今辉煌的华为。

当一个人真被逼到绝路上时，必须快速做出选择，而没时间犹豫、迷茫，唯一能做的就是找出路。可以说，绝路就是最好的出路。你能实现的梦想有多辉煌，关键就取决于你有没有给自己斩断退路，有没有把自己逼上绝路。

人生只有逼出来的出路，梦想只有逼出来的精彩。斩断退路，逼上绝路，你的潜力才能被最大限度地激发出来，你在努力追梦的路上，才能遇到最美的风景。

那些不能打败你的，只能让你变得更加强大

俗话说："天有不测风云，人有旦夕祸福。"我们每一个人生来就要面临各种艰难困苦。但只有那些没有被艰难和困苦打败的人，才能让自己变得更强，更有能力与艰难和困苦进行对抗。这样的人，才能最终享受到自己通过努力追梦换来的幸福时光。

电影《当幸福来敲门》的男主角克里斯是一家公司的推销员，拿着微薄的收入，和妻子、儿子过着平凡而普通的生活。

一天，公司裁员，克里斯就是其中之一。自此，他丢掉了工作，妻子不肯过贫困的生活便离家出走了。这一连串糟心的事情给克里斯带来了一次次沉重的打击。没有收入，还需要独自抚养孩

子，再加上交不起房租被赶了出来，他只能带着儿子流落街头。

有一天，克里斯受到了一位开跑车男人的启发，他想当一名股票投资人。好不容易才有了一次面试的机会，但在面试前一天，他因为忘记缴纳汽车罚单而被带进了警察局。第二天，他只能穿着脏乱不堪的衣服去面试。就这样，因为自己糟糕的形象而面试失败。

但他并没有就此放弃。为了让儿子能过上幸福的生活，他想尽办法打败了那些刚毕业的学生，挤进了一家证券经纪公司抢到了一个无薪实习的机会。为了节省时间，他不去饮水机喝水，所以也不用上厕所，拼命地挤出每一分钟去与其他同事竞争，去联系潜在客户。几年后，完全不懂股票知识的克里斯，凭借着自己惊人的毅力，从一个学徒开始，将股票市场的知识融会贯通，最终开了一家自己的股票经纪公司。

在克里斯追梦的路上，除了儿子是他的动力之外，还因为他一直都相信："只要今日足够尽力，美好的明天就会降临。"所以，他才能够带着儿子实现自己的人生梦想。

克里斯的人生经历了一次次打击，却并没有被打败。他凭借着信念、行动、毅力打破了命运的枷锁，守得云开见月明。

追梦本身就是一场长跑，这条路上充满了不确定性，甚至无时无刻都存在风险。长跑的目的，除了要跑到终点之外，更重要的是我们要学会用一种反向思维，从不确定的风险中获益，让自己变得更强大。正如哲学家尼采说过的一句话："那些不能杀死你的，必将使你更加强大。"

那么，如何才能让你经历的各种失败、挫折和风险帮助你变得更加强大呢？

1. 构建成长型思维

人在面临失败和挫折的时候，会用不同的思维方式去思考。心理学家卡罗尔·德韦克将人的思维模式分为两种，一种是固定型思维模式，另一种是成长型思维模式。

拥有固定型思维模式的人认为人的智力水平在出生时就定型了，难以通过后天学习得以改变。所以，他们在遭遇失败后会开始自我怀疑。

拥有成长型思维模式的人相信人的智力会通过后天学习得以改变。所以，他们在面对失败的时候，会重新调整心态，尝试着用不同的策略和方法，让自己的能力得到锻炼和提升。

2. 学会定期思考

懂得思考的人，才能有所改变和提升。在追梦的路上，要学会定期思考，自己的努力方法到底错在哪里？有什么更好的方法可以替代，以便快速实现人生梦想，让自己跨上一个更大的台阶等。

3. 学会自我驱动

很多时候，我们会因为对失败的恐惧而失去继续努力的勇气。如果能正视每一次失败，用重复自我梦想的方式来重建信心、加强自我驱动力，把每一次失败当作一次宝贵的经历，并加以总结和利用，那么失败只能让你变得更加动力满满，勇敢地去尝试重新开始。

培根说过一句话："名贵的香料只有在烈火中才会发出最浓郁的芳香。"人也是如此。实现梦想的路上，失败与挫折是必不可少的一部分，只有越挫越勇，不被打败，才能让自己变得更加强大，离自己的梦想更近一步。

其实，追梦的过程，也是一个人成长的过程。你可以不成熟，但不可以不成长。很多时候，我们将自己困在失败的牢笼里，害怕再受到外界的风吹雨打，便将自己陷入消沉当中，不敢继续前行。然而，这样虽然不必经历风吹雨打，却也无法看到实实在在的风景。我们唯有将自己置于严酷的现实当中，才能通过那些苦让我们了解到现实人生的真谛，才能看到追梦路上最极致、最美丽的风景。

相信，我们脚下的每一条路都不会白走，我们所受的一切痛苦都不会付诸东流。我们要学会将遇到的失败和挫折当作追逐梦想的能量和动力，把经历的风雨当成洗礼，从失败中汲取让我们成长的力量。

所以，作为一个追梦人，不管遇到什么困难，只要它不能打败你，你就要将其中不利的因素转化成对自己有利的因素。如此，你就会发现自己已然变得更加强大了。

成功更钟情于"一直向上"的人

白岩松曾经在一次演讲中说过这样一句话:"30岁之前要玩命地做加法,要去尝试,你不知道自己有多少种可能,你也不知道命运将会给你怎样的机遇,所以不试一试你怎么知道呢?"

这句话对于每一个有梦想的人来说都是很好的建议,但总会有人因为害怕而觉得自己做不到,难以实现自己的人生梦想。

追梦的路,其实就像是我们在努力攀爬一座山,大部分恐高心理其实都是源自内心的恐惧。如果我们低头往下看,就会被脚下的悬崖峭壁吓得腿脚发软,增加摔下去的概率。虽然山体陡峭,充满危险,但只要我们一直向上,就不会害怕,如此恐高又能耐你何?

在梦想之路上,我们不得不面对现实中的种种考验,整个路途或许会很艰辛，但请再加把劲就一定会走过去，因为成功更钟情于"一直向上"的人。

袁隆平从小就有一个做农业科学家的梦想。他说："我有两个梦，一个是禾下乘凉梦，另一个是杂交水稻覆盖全球梦。"

23岁时，袁隆平从西南农学院毕业后，就一头扎进农业科研工作中。在长期的研究中，他偶然发现了一株"鹤立鸡群"的稻谷，由此，他便萌生了一个培育杂交水稻的念头。虽然他的设想与遗传学相悖，许多学者也认为他根本不可能成功，但这并没有动摇袁隆平的心，他凭借着自己的胆识和决心，将自己的想法坚持到底。就这样，在六七月份的天气，他带着水壶和馒头，顶着大太阳，拿着放大镜，在一穗穗苗株中做研究和试验。艰苦的条件和不规律的饮食让他患上了肠胃病，但他还是继续勘察了14万株稻穗。最后，他花了两年时间写成了令世界震惊的论文——《水稻的雄性不孕性》。

后来，为了培育杂交水稻，他历经了诸多艰辛。一次，在水稻试验区发生了大地震，他不顾生命危险冲向试验区，为了不让实验中断，他在田边支起了帐篷、铺上了草席。由于粮食供应困难，他靠啃甘蔗填肚子，整整生活了三个月。虽然充满了艰苦和磨难，袁隆平却战胜了一个又一个困难，成功培育出了杂交水稻。

尽管他培育出的杂交水稻比常规稻产量高出很多，但他依旧将精力放在更加优质的杂交水稻的培养上，创造了超级杂交稻技术体系，从此，他被誉为"杂交水稻之父"。袁隆平把自己的毕生精力都用在了杂交水稻的培育创新上，不仅解决了中国人的吃饭问题，还为"促进粮食安全、消除贫困、造福民生做出了巨大的贡献"。

在一次杂交水稻新闻发布会上，记者问袁隆平："是什么力量支撑您不停地工作"时，袁隆平笑着回答："这是一份非常有意义的工作。我的身体还可以，脑瓜子还没糊涂，所以说我还能继续工作，继续做对人民、对社会、对国家有意义的工作。我还会继续干下去。"

只有一直向上的人才有资格去品尝梦想成真的味道。袁隆平是一个为了伟大梦想一直向上的人，正是他的努力和坚持，在成就梦想的同时，也造福了人类。

每个人都会怀揣各种各样的梦想，但很多人短期保持向上的状态很容易，要像袁隆平这样能一直且长期保持向上的状态会变得很难。那么，如何才能让自己一直向上呢？

1. 以成功的人为榜样

成功的人，是我们最好的榜样，能够激励我们积极向上。如果想要成功实现梦想，最好能找到一个成功者，学习他成功的经验、积极的心态，努力往前。长此以往，你就会成功到达梦想的彼岸。

2. 保持学习的心态

知识的学习永远没有尽头。梦想着成功的人，任何时候都不要断了学习的念头。不断保持学习，可以让自己的实力和能力更新换代，为你不断向前加足马力。

3. 尽量填满自己的时间

实现梦想的过程，是一个坚持不懈的过程。要抓紧时间，带着自己的斗志昂首向前。不要三天打鱼两天晒网，因为你一旦习惯了放松，就很难有积极的心态继续前行。

4. 做事有计划

保持动力是必要条件，但有条理地前行，才是快速实现梦想的根本。不要让混乱的工作"困死"自己。凡事有计划，才能有条不紊地前行，才能让你在追梦的路上走得更稳。做事是否有计划，决定了你能走多远、向上爬多高。

5. 保持正向思维

思维决定行为，行为决定结果。要时刻鼓励自己，即便遭遇失败，也能始终让自己保持一个正确的思维导向。有了正向思维做指引，在经历失败和挫折的打击时，就会为我们增加很多勇气，让我们积极面对所有的困难。

永远都奔跑在路上的人是不会轻易被打倒的，不管你的梦想是什么，即便是被击垮了，也不会停下脚步，而是会一直向前。

每天进步一点点，走得慢没关系，只要一直都在为自己的梦想而专心努力，只要一直在向上，你就有可能在某个领域有所作为，并取得傲人的成就。

第八章
Chapter 08

内心强大才能傲视一切

有一句话是这样说的:"内心强大的人前途无量。"在通往梦想的道路上,在走向成功的路途中,每个人都可能会遭遇挫折和失败。内心不够强大的人可能会因此止步不前,而内心强大的人则会将它们当成是试金石或垫脚石。内心强大的人能够无视一切困难和险阻,不怕挫折和失败,最终登上成功的顶峰,实现自己的梦想。

所谓的内心强大，就是敢于坚信自我

内心强大的人往往有很多优点，其中非常重要的一个优点就是敢于坚信自我。

在日常的生活和工作当中，我们常常会有和他人想法不同的时候。这时，是选择坚信自我，还是听别人的？你的选择往往能够体现出你的内心是否强大。

内心强大的人往往敢于坚持自己的想法，坚信自我。当然，内心强大并非拒不听从别人的意见。如果别人的意见有道理，自然应该从善如流。坚信自我，是当别人的见解错误，或者他们的见解和自己的见解都没有明显的错误，而我们对自己的判断更有信心时。

实际上，我们常常会遇到这样或那样的问题。读书时选择什么专业？工作时从事哪个行业？我们的另一半要找什么样的人？我们要跟随什么样的领导？我们要选择什么样的员工？很多问题并没有明显的对与错，需要我们自己去判断。这时，假如我们的想法和大多数人的想法不同，你会选择坚信自我吗？

每个人都有自己的梦想，而每个人的梦想往往却有所不同，即便是相似的梦想，也有细节上的差别。我们应该做自己，应该坚信自我。正因为我们的想法与众不同，所以我们才是这个世界上独一无二的存在。

人们很容易被他人的话所影响。一方面，可能因为这个"他人"的知识和经验比较丰富，比如他们是父母、老师或领导，所以他们的话我们会很重视；另一方面，这个"他人"可能比较权威，是某领域的专家，他们的话的分量较重，我们也会格外重视。这时，我们应该提醒自己，虽然这些长辈或专家的观点有很重要的参考价值，但并不意味着他们的观点一定就是正确的。他们虽然阅历和经验都很丰富，但对你的了解可能不多，所以他们也有可能判断错误。你有时候需要坚持自己的想法，因为你对自己的情况更加了解。

还有一种可能，就是这个"他人"是大部分人，有一种约定俗成的大众观念，会对我们产生很大的影响，因为我们一般会下意识地认为，大多数人的观点就是正确的观点，要少数服从多数。但这其实存在着一定的误区，因为有时候大多数人的观点并不正确，我们要去在意的不是支持一种观念的人数的多少，而应该在意这个观念本身是否正确。

大众的一些观念并不一定都正确，有时候我们应该坚信自我。成大事的人往往是能够力排众议做一些常人看起来很难理解，但最终证明是无比正确的决定。然而，如果我们没有强大的内心，是无法做到坚信自我的。

　　德摩斯梯尼是古希腊著名的雄辩家，他演讲时不但说服力非常强，而且非常有气势。让人意想不到的是，这样一个善于雄辩的人，以前竟然是一个连话都说不清楚的人。

　　德摩斯梯尼天生口吃，他说话时的声音很微弱，并且还有在说话时耸肩膀的坏习惯。没有人认为他可以成为一个演讲家，人们甚至连和他对话都感到不耐烦。德摩斯梯尼有很多次被人们从演讲台上赶了下去，因为他说话的声音不清晰，而且论证也并不令人满意。如果是一般人，可能会被人们的嘲笑击垮，认为自己无论如何也不是能做好演讲的人。但德摩斯梯尼却有着非常强大的内心，他并不理会别人的看法，他选择坚信自我，相信自己一定可以把演讲做好。

　　在强大的信念的支持下，德摩斯梯尼开始反复练习演讲，经历了非常艰苦的练习。他嘴里含着石子，面向大海，不停地演讲，因为他听说嘴里含着石子可以让自己的吐字更清晰。他还在家里装了一面很大的镜子，每天对着镜子练习演讲。为了能改掉说话时耸肩的坏习惯，他甚至在自己的肩上悬了两把剑。

　　当德摩斯梯尼在讲台上侃侃而谈时，当他的演讲征服了所有人时，当他成为古希腊历史上数一数二的雄辩家时，那些曾经嘲笑过他的人可能都会在心里说"当初我看走了眼，原来他这么厉害"。

如果不是坚信自我，德摩斯梯尼就无法成功。正是他的坚持，让世界上又多了一位能用演讲让世人惊艳的雄辩家。

很多时候，我们要相信自己的判断，坚信自我。就像德摩斯梯尼那样，为自己的梦想奋斗，做自己认为对的事，即便它可能看起来不太容易实现，即便它并不被人看好。

电影《黑衣人》中有一段非常经典的台词："一千五百年前，很多人相信地球是宇宙的中心；五百年前，每个人都相信地球是平的。"大多数人认为正确甚至毋庸置疑的事情，并不一定是正确的。哥白尼在提出日心说之前，几乎所有人认为太阳是绕着地球转的。当哥白尼坚信自己的判断，提出日心说，告诉大家地球围绕太阳转时，人们还以为他疯了。

能够成就辉煌的人，往往在很多事情上有自己独特的见解，他们与大众的观点不一致，却往往能够符合自己的实际情况。我们应该敢于坚信自我，因为我们真正了解自己想要的是什么，也真正明白我们自己的情况是怎样的。

别人的看法可以成为我们的参考，大众的观念也可以给我们提供一些思路，但我们应该有自己独立思考的能力，然后做出自己的判断。只要我们的判断是合理的，只要我们认为自己是正确的，我们就应该坚信自我。内心强大的人总是能够坚信自我，活出自己的样子，成就独一无二的人生。

即使心情沮丧也要面朝阳光

我们的生活中大多数时候是艳阳高照，但偶尔也可能会有阴雨天。当我们心情沮丧时，不应该被糟糕的心情控制住心智，应该保持积极乐观的心态。我们在阴雨天去回想阳光的温暖，在心中为自己升起一个太阳。于是，我们就始终充满阳光、积极向上。积极的人不是不会悲伤和沮丧，而是即便在沮丧的时候，心中依旧有积极的信念，就像向日葵总是面朝阳光的方向一样。

普希金在他的诗中写道："假如生活欺骗了你，不要悲伤，不要心急！忧郁的日子里须要镇静：相信吧，快乐的日子将会来临！"

沮丧的情绪不会给我们带来什么好处，它不能改变结果，只会影响我们的判断力，并阻碍我们接下来的行动。当心情沮丧时，我们要提醒自己面朝阳光，从这种不好的情绪中尽快走出来。这样，我们才能够冷静地分析现状，解决问题，让事情变得好起来。

很多能够取得成功的人，往往都拥有乐观主义精神。当别人遭遇挫折时，可能会心灰意冷，但当拥有乐观主义精神的人在遭遇挫折时，却并不会因此失去希望。他们很快就告别了沮丧的心情，继续努力奋进。困难和挫折不但无法阻挡他们成功，还磨炼了他们的意志、夯实了他们的基础，让他们在成功之路上走得更稳了。

在失败中看到成功的希望，在困境中看到潜藏的机会，在坏事中看到好的方面。当我们不让沮丧占据自己的内心，当我们面朝阳光，我们就可以冷静分析现状，并从不同的角度去思考，发现新的机会，并逐渐从坏心情中走出来。面朝阳光是给我们一个方向，能够让我们顺着这个方向走出沮丧的泥潭。

著名的科学家霍金，长期瘫痪，只有几根手指可以动。一般人在遭遇困难和挫折时，心情会变得比较沮丧，可能不愿意和别人讲话，想要自己一个人静一静。这是我们平时遇到小困难、小挫折时的感受。霍金遭遇的情况比我们平时遇到的小困难、小挫折要大很多，他的身体完全不听使唤，连生活都要依靠他人的帮助，照理说他的心情也应该会变得非常糟糕。我们不知道霍金当时内心的想法，但设身处地想一想，就能想见他当时面临的巨大心理考验。但就是在这样的情况下，霍金并没有像普通人一样沉浸在沮丧的情绪中。他继续着自己的科学研究，并用那几根可以动的手指，完成了很多令人惊叹的事情，给科学发展带来了很多帮助。

　　除此之外，霍金还会去做演讲。当被问到命运让他失去了太多，他心里是怎么想时，霍金用他的手指扣出了几句话："我的手指还能活动，我的大脑还能思考，我有终生追求的梦想，我有爱我和我爱的亲人和朋友，我还有一颗感恩的心！"从这个回答中，我们看不到任何沮丧，相反，我们看到了积极和阳光，这或许就是霍金能够做出那么多成绩的关键。

生活并不总是一帆风顺的，当我们遇到坎坷时，我们是悲伤沮丧还是微笑面对，这是一个非常值得思考的问题。现实并不会因为我们的沮丧而有所改变，既然痛苦也是一天，开心也是一天，不如开心一点。

　　无论在什么时候，我们都应该努力保持乐观积极的心态。当我们心情沮丧时，更要主动面朝阳光，让自己尽快从沮丧的心情中脱离出来。沮丧往往会伴随着愤怒、懊悔等一些不良情绪，导致我们犯下更多的错，让事情变得更糟糕。所以，很多不能控制自己情绪的人会在遇到事情时暴跳如雷，等到事情过去之后又后悔不已。

　　时间不能倒流，生活也无法重来。不要因为心情的沮丧，做出让自己后悔的事。控制住自己的情绪，调节自己的心情，让阳光的心态始终伴随着我们。那么，在追梦的路上，即便是遇到了很大的困难，我们也能够冷静地分析和思考，并战胜它。

　　看看那些成功者，你就会发现，他们不仅能力出众，而且还十分乐观。一般人遭遇不了的挫折，他们能经受住；一般人心情沮丧时，他们还能够保持微笑。不是因为他们从来不会沮丧，而是因为他们注意时刻面朝阳光，即便有时心情不好，也能快速从坏心情中走出来。

月有阴晴圆缺，生活也有阳光和风雨，我们无法决定生活中的一些事情，但我们可以决定自己的心情。当我们遭遇一件事，内心积极的人总是能够看到积极的一面，心中充满希望。其实，我们每一个人都应该在心中保留这样一份阳光，照亮自己，温暖他人。

自卑不可怕，可怕的是永远沉溺其中

自卑是追梦路上的大敌。我们会因为自卑而畏畏缩缩、束手束脚，什么都不敢说，什么都不敢做。其实，自卑也没有那么可怕，毕竟当我们弱小时，自卑在所难免。相信很多自信的人，也曾有过自卑的时候。然而，当他们变得强大时，他们便不再自卑，而是变得越来越自信。所以，自卑并不可怕，可怕的是永远沉溺在自卑当中。

与自卑相反的是自信。我们经常听人说要自信，也常常会因为自己不自信而懊恼不已。实际上，几乎人人都有过不自信的时候，严重一点就是自卑。那么，不自信或者自卑可耻吗？其实一点也不。有人认为，自信其实是一个伪命题。我们且不去讨论自信究竟是不是一个伪命题，但不可否认的是，自信往往和两件事挂钩，那就是强大的内心和强大的能力。

试想一下，当你在工作当中，因为能力不足而被同事看不起时，你可能会产生自卑的情绪。但是，如果你能力非常强，在同事当中显得非常优秀，你还会自卑吗？应该不会。不但不会自卑，还会很自信。从这一点看，自信是以强大的能力为基础的。

当然，自信除了强大的能力之外，还得有强大的内心。假如你的内心非常强大，即便周围的人嘲笑你，你也不放在心上，依旧保持自信。但是，强大的内心需要时间、经历和见识等磨练出来，不是一朝一夕就可以拥有的。

想要走出自卑，拥有自信，可以从提升能力和让内心变得强大两个方面入手。不过，要让内心变得强大是一个比较缓慢的过程，而提升能力则是立竿见影的事。由此，我们可以推断出，走出自卑情绪的一个快速的方法就是提升能力。在提升能力的过程中，你的内心也会在时间和经历中变得越来越强大，你的自信心也会越来越强。

俞敏洪在大学期间，经常沉溺在自卑的情绪当中。他经历了三次高考，最终考上了北大。在开学的那一天，他穿着朴素的衣服，用扁担挑着自己的生活用品来到宿舍，让其他舍友吃了一惊。俞敏洪知道自己闹了笑话，没有办法，他是农村的孩子，而自卑的情绪也从这里开始了。

一次，舍友在看书，俞敏洪问他看的什么书。当舍友说出书名以后，因为这本书和他们系学习的内容关系不大，俞敏洪便感到奇怪，问舍友看这种书干什么。这时，舍友给了他一个鄙视的眼神，让他非常难受。在游泳课上，俞敏洪的游泳姿势逗得老师哈哈大笑。这种和周围环境格格不入的情况，让俞敏洪更加自卑了。

俞敏洪一直沉溺在自卑的情绪中没有走出来，所以他的大学时光基本上是一个人独来独往，他没有参加过活动，也不敢去竞选学生干部，为了避免失败后丢面子，他什么都不敢做。后来，他回想起自己的大学经历，觉得丢了几年的美好时光。

俞敏洪从北大毕业后，创办了新东方，成为知名度非常高的校长。他早已克服了自卑，变得自信起来。其实，正是因为能力的提升，让他做出了成绩，也自然而然地变得自信了。

俞敏洪在大学期间，因为自卑什么都不敢做，这是导致他长期沉溺于自卑的主要原因。而他从大学毕业以后，积极做事，提升自己的能力，于是变得自信起来。因此，我们在有自卑的情绪时，不必懊恼，也不要害怕，去做事，去勇敢提升自己即可。

做事能够让我们抛开消极的情绪，同时也能够用做出来的成绩给自己更多的底气。在做事的过程中，能力得到不断地提升，我们就会一点一点变得更加自信。而随着时间的推移，我们的知识、能力、见识都在不断增长，我们的内心也会变得越来越强大。不知不觉间，自卑就会离我们远去，自信就会来到我们心中。

看看那些意气风发的成功人士，他们笑容满面，自信由内而外散发出来，我们从他们身上看不到一点自卑的痕迹。可是，他们很有可能经历过自卑，甚至可能曾经自卑了很长时间。不要把自卑看得太可怕，每个人都有可能经历过，勇敢去做事，去战胜自卑，才是我们最应该做的事。

悦纳自己，才能遇见更好的自己

可能很多人听说过一个词，叫作"自我悦纳"。那么，什么是自我悦纳呢？它指的是正确评价自己和接受真实的自己，然后在了解了自己的客观情况，接纳了现在的自己之后，让自己发展得更好。

"实事求是"是做事的法宝。当我们认清了客观现实，不偏不倚，我们就更容易找到正确的做事方法，最终将事情做成。同样的道理，悦纳自己，认清真实的自己，并且在认清自己的基础上努力让自己变得更好，才可以遇见更好的自己。

在生活当中，我们经常会遇到一些看起来比较"糟糕"的人。他们似乎总是处在一种不良的情绪当中，可能经常莫名其妙地生气，也可能常常心情低落。他们很难和周围的环境保持和谐，总会出现磕磕绊绊。

　　其实，这些人并不一定是因为某件事而生气或者心情低落，可能连他们自己都不知道，他们是在生自己的气，是因为自己而心情低落。在网络上有一个词叫作"无能狂怒"，这个词或许说得有些过头，但它所反映出来的道理却值得我们深思。历史上那些有能力的人，往往气度恢弘，不轻易发脾气；反观那些能力差的人，往往心胸狭隘，不但动辄暴怒，而且也容易心态消极。在我们的生活中，这样的情况也是存在的。我们不禁要问，真的是无能的人更容易心情不好吗？

　　实际上，问题的关键并不在"无能"上，而是在无法接受自己上。正所谓"尺有所短，寸有所长"，每个人都可以有自己擅长的领域，在这一方面能力弱，可能在另一方面能力就强。擅长技术的可能不擅长交际，而擅长交际的不一定技术好，完全没必要因为自己在某方面能力弱而懊恼，甚至不接受自己。

　　人如果不能接受真实的自己，就很容易硬着头皮去做自己做不了的事，而在得出坏的结果之后，又生自己的气。如此就容易形成恶性循环，从怪罪自己延伸到怪罪周围的环境，变得自怨自艾、怨天尤人。这其实就是没有正确认识自己、没有悦纳自己带来的恶果。

　　马克·吐温的幽默被世人认可，他的才华让世人惊叹，然而就是这样一位优秀的作家，一开始却跟着社会的浪潮去经商了。然而，他却没有商业头脑，不但屡次失败，还被骗了很多钱。他的妻子劝他不要再和自己较劲了，他根本不适合经商，不如去写作，虽然不像经商那样能赚快钱，但也不会差。在妻子的劝说下，马克·吐温接受了现实，也正确认识了自己，开始专注写作，最终成为一名优秀的作家。

不要跟风去做一些事，人和人是不一样的，适合别人的不一定适合自己。正确认识自己，才可以做出正确的判断，最终根据自己的实际情况把事情做好。

悦纳自己非常关键的一步就是正确认识自己，看清自己，这就相当于看清了路，才能走对路。当然只看清自己还是不够的，接下来要接受自己。接受自己意味着接受自己的缺点和不足。世界就像是一个大花园，百花齐放才更加美丽。每个人都有自己的优点和长处，我们不必为自己在某方面不如别人而愤愤不平，而是应该努力发挥自己的优点和长处，从而在这方面做出成绩。

遇见更好的自己，不就是让自己变得更优秀，做出更好的成绩吗？而这一点当然要以正确认识自己以及接纳自己为前提。正确认识自己，是看清楚自己的不足和长处，而接纳自己则是不要和自己赌气，偏要在自己不足的地方撞得头破血流，而不去发展自己的长处。

正确认识自己，完全接纳自己，我们就能够找到属于自己的发展之路。同时，我们对自己没有了抱怨，也就更能够在挫折和失败中保持情绪的平稳。这样一来，我们的头脑会更加清醒，我们也会更加积极乐观。我们会自然而然地成长起来，并且发展得越来越好。

走出消极阴影,行动是最好的证明

"知行合一"的思想很多人都听过,其实在生活中,能够做到知行合一的人是比较少的。行动才能够产生力量,只有想法不行,应该马上行动起来。可是,想法比较简单,行动比较难。在行动中可能会遇到各种困难和挫折,也会付出很多的辛劳和汗水。因此,很多人畏惧艰难,不能将想法付诸行动。

那些能够将想法变成行动的人会越来越优秀,而那些不能将想法变成行动的人则会越来越消极和拖延。当然,这不是短时间内的事,是长期形成的结果。

可是,当我们处在消极的情绪当中时,不管我们有没有养成马上行动的习惯,我们也都应该赶紧行动起来。行动才是摆脱消极情绪的不二法门，也是你走出消极阴影的最好证明。我们知道，当你处在消极的情绪中时，你会郁郁寡欢，可能不想说话也不想做事。如果任由这种情况发展下去，你的消极情绪可能会越来越强烈，最后你将被压垮。

因为越是什么都不做，消极的情绪就越容易堆积起来，所以我们要想跳出消极的情绪，就应该马上行动。当你的身体行动起来，你的脑子里就不会被消极的情绪占领。你会去想怎样行动，怎样把事情做好，而不是沉溺于自己的情绪。而当你挥洒汗水，你的心情会变得轻松，你的情绪也会转好。更重要的是，你的行动和努力可能会让原本的坏事出现转机，至少也能让你慢慢变好一些，这样你也更容易从消极的情绪中走出来。

著名画家达·芬奇一生的画作虽然不多，但每一幅都可以算得上是精品。在一部讲述达·芬奇的影片中，有这样一个情节。达·芬奇花费了很大的力气，精心设计出了巨大的雕塑。结果因为遇到战争，他原本准备用来做雕塑材料的铜要被征用，这意味着他的努力即将白费。为了能够不让材料被"抢走"，达·芬奇想尽了办法，却还是无能为力。这件事对达·芬奇的打击很大，他开始变得消极起来。

达·芬奇甚至都不想画画了，他整日郁郁寡欢。这时，一个新的绘画任务找上门来，一所修道院让他绘制壁画。心灰意冷的达·芬奇本打算拒绝，但有人提醒他，如果他能够将这幅画画好，说不定他的名气可以变得更大。于是，达·芬奇便答应了。

达·芬奇开始想办法画画，他希望这幅画能够与众不同，将画的内容和环境结合起来，给人一种身临其境的感觉。为此，他精心设计，从画的高度到画的布局，从颜料的材质到颜色的搭配都考虑得非常周到。在工作的过程中，他逐渐从消极的阴影中走了出来，而他的这幅画也成为举世闻名的画作，这幅画就是《最后的晚餐》。

当我们心情急躁时，我们可能会盲动，这时一动不如一静；而当我们处在消极的阴影中，我们本身什么都不想做，这时就不能静了，应该行动起来，用行动来带动自己的情绪，让自己变得积极起来。

消极的阴影是成功的大敌，而行动则是克服它的好方法。而一旦别人认为你处在消极当中时，你无论怎么解释都很难打消别人的疑虑，这时候用行动来证明自己是非常好的方法。情绪虽然可以感染别人，但有时候人们对他人情绪的认知并不准确。大部分人会觉得"行胜于言"，如果你不消极，那么就应该用行动来说话，用事实和成绩来证明你并不消极。

当我们遇到一件比较难做的事情或者自己从来没有做过的事情时，我们可能会觉得无从下手。这时，我们心中会产生各种各样的想法。比如，这件事为什么偏偏要我来做，如果不做行不行？先把它放在一边，晚点再做行不行？这件事需要很久才能做完，先玩一会儿行不行？在畏难的情绪当中，我们逐渐产生了消极的心态，也在不知不觉中进入了消极的阴影里。

因为畏难而使自己进入消极的阴影当中，这在生活中可能很多人都遇到过，不少人在做事时喜欢拖延，也与此有很大的关系。遇到困难的事情就产生畏难的情绪，产生消极懈怠的心理，这是不少人下意识会出现的问题。其实只要掌握了方法，从畏难产生的消极阴影中走出来，并非难事。这个方法很简单，就是先行动起来。我们不需要一下子想太多，先行动起来，然后再慢慢去想。

很多事情都是一边做一边想办法，最后把事情做好，而不是空想却不动手。空想就容易陷入消极的阴影当中，而行动则让我们从阴影中走出来，同时也激活我们的激情，让我们充满活力，头脑也更加灵活。一边开始去做，一边再想办法，这样即便刚开始做得没那么快，但只要开始行动了，就不会再消极下去。于是，我们慢慢在行动中积极起来，事情也逐渐步入正轨，做事的速度会由慢变快，最终，我们可能会创造出连自己都意想不到的好成绩。

我们确实应该更加重视行动，特别是处在消极的阴影中时。行动是帮助我们走出来的动力，也是向别人证明自己的最佳方式。

错过了太阳，就不要再错过星星

曾有一句话是这样说的："如果你错过了太阳，就不要再错过星星。"错过的事情已成定局，如果我们还是沉浸在错过太阳的遗憾中无法自拔，那么我们也会错过晚上的星星。

就像在生活工作中，我们经常会做错事，事后后悔不已。然而，这个世界上没有后悔药，沉浸在后悔的情绪中也没有任何用处。与其为无法改变的过去而后悔，还不如赶紧行动起来，尽力补救。亡羊补牢为时未晚，如果丢了羊就沉浸在痛苦中，而不去赶紧扎好篱笆，不但于事无补，反而会丢失更多的羊。

真正内心强大的人是不会盯着过去的错误不放的，他们会将目光看向未来。无论过去做错了什么，都不值得后悔，抓紧当下，才能创造更加了不起的未来。

电商刚刚兴起时,众多的电商平台涌现了出来。经过几轮拼杀之后,淘宝和京东这两家在市场上占据了绝大多数的份额。这时,如果还有人想要做电商平台,恐怕大部分人都会笑他不自量力。毕竟已经错过了电商平台的最佳风口,想要再入场,已然是非常困难了。

然而,拼多多用了一两年的时间就在淘宝和京东这两大电商平台的夹缝中迅速崛起,占领了下沉市场,让人感到惊奇。直到现在,很多人也难以相信,拼多多居然可以发展起来,而且发展得这么快。

其实,拼多多确实错过了电商平台飞速发展的那段时期,可以说是错过了太阳。然而,拼多多却没有错过星星,也就是下沉市场。淘宝和京东在做大了之后,都开始往相对高端的市场走,忽略了下沉市场。京东和淘宝最初都免运费,后来也纷纷开始收运费。可拼多多一出场,又开启了免运费的时代,商品价格也相对便宜很多,一下子占领了下沉市场。

从拼多多的迅速崛起,我们能够看到,虽然它错过了电商平台飞速发展的那段时间,但它没有错过下沉市场,最终搏出了自己的一片天。所以,错过了太阳还有机会吗?很多人会回答没有机会了,但是对于内心强大的人来说还有机会,那就是抓住星星。

在生活和工作中,我们会错过一些机会,也可能会做错一些事情。只要是过去了的，就不要去在意，抓住接下来的机会，做好接下来的事情，我们就还有翻盘的机会。关键时刻要当机立断，不要沉浸在已经错过的事情和已经犯下的错误当中。多向前看，然后把握当下。有时候，为了不再错过星星，除了不去想过去的事，甚至还要再多努力，多付出一些代价，才能抓住机会。

当我们错过了一些事情，之所以懊悔不已，除了错过的内容，还有一个原因，就是觉得已经来不及了。当我们认为已经来不及了的时候，就会产生破罐子破摔的想法，什么都不做了。这种情绪常常使我们不但错过了太阳，也错过了星星。

俗话说，"好酒沉瓮底""好饭不怕迟"。其实，很多事情并不怕晚，也不怕迟。相反，正是迟来的，反而有可能是更好的，这就是所谓的"大器晚成"。所以，任何时候我们都不要害怕晚，最早的时候就是我们开始补救的时候。

苏洵是"唐宋八大家"之一，他很聪明，但年轻时不爱学习。他觉得自己比别人聪明，而且觉得书里的知识也不过如此，不学也罢。直到二十五岁的时候，他才发现读书有用，想要好好读书。可是，这么大了才想要好好学习，众人都觉得有点晚了。更何况，古人的寿命比我们现在还要短一些，即便是现在，如果谁二十多岁才去上学，那也已经太晚了。可是苏洵并没有觉得晚，他开始发奋读书，用了六七年的时间读了很多书，最终成为"唐宋八大家"之一。

苏洵这么大年纪了才开始读书，如果换作其他人，可能还没开始就已经放弃了。但苏洵没有放弃，他也没有沉浸在错过了最佳读书年龄的悔恨当中。看得出来，他是一个当机立断的人，虽然错过了读书的黄金时间，却能够抓住今后的时间及时补救，得到的结果也是令人满意的。

不要再听信什么"错过了，就是一辈子""失去的才是最好的"，那都是内心不够强大的人的自我安慰罢了。认清现实，勇敢面对过去的错误，不在意一时的得失，内心强大的人在任何时候都可以重新开始，奋起直追。此时，我们的头脑会更清晰，眼光会更敏锐。我们将可以合理分析当前的情况，抓住接下来的机会，做好接下来的事情。

新的机遇可能就在眼前，正等着你抬头抓住它。

第九章
Chapter 09

人生不设限，一切皆有可能

> 人最大的敌人就是自己，这是我们经常会听到的一句话。其中一个原因在于，每个人对自己的认知都是十分有限的，我们要了解别人很难，但要了解自己也不容易。正因为对自己并不完全了解，所以会认为自己有些事一定做不成，人为限制住了自己。其实，人的潜力是非常大的，没有什么是一定不可能的。只要我们不给自己的人生设限，一切皆有可能。

你的自以为无能，限制了人生的所有可能

俗话说："思想有多远，我们就能走多远。"人的潜力是非常大的，如果我们能够将自身的潜力激发出来，有可能会获得意想不到的成就。

鹰之所以能够翱翔于九霄之上，是因为它有一颗雄心；人要想成就不凡，首先也要有想法，其次才会有行动。一个人即使行动力再强，如果他连想法都没有，那么他也是不会去行动的。

在电影《当幸福来敲门》中有一句经典的台词："如果你有梦想的话，就要去捍卫它。那些一事无成的人想告诉你'你也成不了大器'。如果你有理想的话，就要去努力实现。就是这样。"的确，一切来自外界的嘲笑和打击都不足以泯灭我们的梦想，能够让我们梦想

破灭的，是我们自认为无能。如果你有梦想，就要去努力捍卫它、实现它，而不是觉得自己无能。

人生是一次未知的旅程，即便是再先进的科学技术，也无法准确预测出你的未来会是怎样，不要给自己下定义，不要觉得自己无能。一切皆有可能，每个人的一生都是一个未知数，只要能够不懈努力，你就有可能变得非常优秀，并且实现自己的梦想。

爱因斯坦的《相对论》在物理学当中具有里程碑的意义，奠定了现代物理学的基础。最初，《相对论》由于太过超前了，当时很多科学家都站出来反对，他们甚至专门出了一本《百人驳相对论》的书。面对如此声势浩大的反对之声，一般人可能会怀疑自己，无法继续坚持自己的理论。但爱因斯坦是一个非常有自信的人，他根本不在意铺天盖地的反对之声，并说："如果我的理论是错的，一个反驳就够了，一百个零加起来还是零。"爱因斯坦无比自信地坚持了自己的理论，最终给物理学开启了一扇通往真理的大门。

当我们面对多人的反对时，往往都会产生自我怀疑，但真正优秀的人是非常自信的，有"虽十万人吾往矣"的气魄。没人知道未来是怎样的，人生和未知的真理一样，都充满不确定性，当确信自己是正确的，我们就应该充满自信地去做。

人生是摸着石头过河，我们无法预知接下来会发生什么事，也不知道自己做的事情能不能成功。如果自以为无能，本来能做成的事也会做不成，本来强大的人也会变得弱小。如果把人生当成一场仗，我们要有必胜的信念，要相信自己能行，这样才能把这场仗打好。如果还没开始打，就觉得自己不行，那么这场仗你无论怎么打，都是很难打赢的。

我们每个人的知识都是有限的，看待问题也往往是片面的，我们对自己的认知也是如此。当我们对自己缺乏足够的认知，我们就会小瞧了自己。有不少成功人士，让他回首往事，他也会对自己能够取得这样的成就感到不可思议。当人站在了风口上，可能一下子就可以取得巨大的成就，自己还不明白是怎么一回事，像是做梦一样。所以没有什么是不可能的，我们不要用狭隘的观念来限制自己的未来。

曾有生物学家用跳蚤做过一个实验。他将跳蚤正常放在地上，跳蚤跳起来足有一米多高。这时，生物学家在离地面一米高的地方放了一个盖子，当跳蚤再次跳起来时，它就会撞到盖子上。经过一段时间之后，生物学家将盖子移开。奇怪的事情发生了，尽管没有盖子的阻挡，跳蚤却始终不能跳到一米以上的高度了。

本来以跳蚤自身的跳高能力，它是能够跳到一米以上的高度的。然而，当被障碍物阻挡以后，它逐渐接受了无法跳到一米以上的事实。即便移开障碍物，它也无法再跳那么高了。很多人其实正像实验当中的跳蚤一样，给自己设置了一个高度，认为这个高度是无法逾越的，最终让这个高度限制了自己的能力，终其一生也无法超越心中的那个高度。如果不给自己设限，你一定可以达到更高的高度。

不要让自己的想法把自己禁锢住，不要在自己的脑海中给自己设置一个牢笼。我们应该是翱翔于九天之上的雄鹰，去挑战前所未有的高度，去超越心中的极限。当我们摸着石头过河，不要去设置什么上限，因为未来是未知的，我们的预期有可能是过于保守的。

做事要敢想，然后才是敢做，想都不敢想，就无从做起了。要相信自己拥有巨大的潜力，相信自己可以到达更高的高度。我们只管努力向着更高的山峰攀登，至于最后能到达什么样的高度，不要去管它。这样一来，即便我们没能到达特别高的高度，也会比自我设限的那个高度高，从而超越了自我。

越努力越幸运，越奋斗越幸福

机会总是留给有准备的人，越努力的人往往越幸运，越奋斗的人往往越幸福。当我们其他的条件和别人相似，只要我们更加努力，得到的结果就会更好一些，那么我们就更具有优势，更容易在竞争当中胜出。

每个人都想要拥有成功的人生，但只是想想并不够，我们需要努力让想法变成现实。很多人从小就有很伟大的梦想，但因为梦想太过遥远，可能努力了一阵子就不想努力了。其实，不管我们的梦想是否能够很快实现，我们都应该不断向着它努力，因为它始终能够给我们提供积极向上的能量。即便没有到达最终的那个梦想，在努力的过程中，我们也会收获各种阶段性的成功，我们的内心也会充满快乐。

有人说:"你只管努力,剩下的交给天意。"这句话曾经在网上流行过一段时间。其实这是一种非常达观的态度,能够带给我们积极向上的能量。努力去做,但不问成败。成了,很好;没成,我们也并非一无所获。

在通往成功的过程中,有很多"沉没成本",也许你这一次的努力并没有让你摘到成功的果实,但它却为你的成功奠定了基础。如果将成功看作冰山一角,那么你之前的那些努力就是水面之下的更大的部分。当我们看到别人的成功时,我们往往会忽略他背后所做出的巨大努力。其实,那些看不见的"沉没成本"才是"成功果实"真正的分量。

有些人因为一次偶然的成功,整个人会"飘",原因就在于他缺少了"沉没成本",缺少了"没能成功的努力",所以他的成功缺少地基的支撑,并不扎实,也很难持续。相反,那些通过不懈努力取得成功的人,往往可以将成功延续下去,不断取得新的成功。这就是努力的真正价值所在。

潘晓婷被誉为中国的"九球天后",她是10次九球世界冠军纪录保持者,也有全国体育大会三连冠和大满贯纪录。她曾在两年多的时间里,保持中国国内不败的战绩,并连续获得6项全国冠军,她的职业生涯堪称传奇。

潘晓婷之所以能够取得那么好的成绩,获得那么大的成功,和她的一直坚持努力有很大的关系。她从三岁开始,就在父亲的影响下接触过台球。在十几岁的时候，她正式开始练习台球，这一练就没有停下来过。她本身有很好的天赋，练了半年之后就已经有很好的技术了，但想要变得更强，只有天赋还不够，还要有非常多的努力。

为了让潘晓婷明白努力的重要性，父亲给她树立了一个榜样——被誉为"台球皇帝"的亨得利。父亲给她看亨得利巅峰时期的录像带，并告诉她，亨得利每天要练习12个小时，除了吃饭睡觉，剩下的时间都用来练球。于是，潘晓婷给自己定下一个目标，她要比亨得利更加努力，每天比他再多练习一个小时，也就是13个小时。在接下来数年的时间里，潘晓婷除了吃饭和睡觉，就是练球。潘晓婷的努力最终得到了回报，她凭借强大的实力成为人们心中的"九球天后"。

我们可能会觉得那些成功的人是因为幸运，但即便他们真的幸运，那也是他们通过努力得来的幸运。潘晓婷是幸运的，因为她非常努力。她用努力换来了幸运，也换来了自己的幸福。她可以为自己取得的成绩感到骄傲，因为那是汗水的结晶，闪耀着真实的光芒。

有人说："当你真正下定决心去做一件事情时，全世界都会来帮你的忙。"当我们自己去努力，不要说上天会眷顾你，就单从你个人的气场来讲，就会给人一种奋进的感觉。你不但自己奋进，还能感染到周围的人。你的努力被别人看在眼里，他们如果能帮助你，一般都会给你必要的帮助，这也是越努力越幸运的原因之一。

当然，在努力过后，收获最多的还是我们自己。懒惰会形成一种习惯，努力也会形成一种习惯。当我们习惯了去努力，我们就不再觉得它苦。相反，它会让我们更踏实，也让我们更快乐。玩乐所带给人的快乐是一时的，结束之后往往会让人感到空虚，而努力虽然一开始会有一些痛苦，但最终会带给我们无穷的快乐，而且是那种充实的快乐，是真正的快乐。

一个努力奋进的人，他的内心是充实的，他的精气神是积极向上的。这样的人朝气蓬勃，拥有很强的行动力，仿佛什么困难都无法难倒他。当我们努力起来，我们会赢得别人的尊重，自己也会更加自信。即便没能取得最终的成功，我们从他们对我们的态度中，也能获得成就感。

我们无法预知自己是否能够获得成功，但我们可以从现在开始就去努力。努力是我们唯一能掌控的，也是我们唯一能做的。谋事在人，成事在天。努力去变强，努力去成功。在这个努力的道路上，我们就已经收获了幸运和幸福，已经让自己的内心变得更加充实，即便最后没有成功，又有何妨？况且，只要你能够一直努力下去，还怕无法取得成功吗？成功最终会属于不懈努力的你。

学习是不断提升自我价值的阶梯

俗话说："活到老，学到老。"学习对于我们每个人都是非常重要的，它是不断提升自我价值的阶梯，能够让我们变得越来越强大。在追梦的路上，要一路走，一路学习，一路实践。将学习和实践相结合，知行合一，我们就能够走得更远。

在学生时代，学习仿佛是我们的天职。可是出了校门之后，学习仿佛变成了一件奢侈的事。很多人会说：自己工作忙，没时间学习；家里的琐事太多，没时间去学习。实际上，这都是借口，为自己的懒惰找的借口。

如果我们能把零碎的时间拿出来，不是去刷小视频，而是去学习。久而久之，我们就能够比别人更有知识、更优秀。时间就像是海绵里的水，只要你愿意去挤一挤，总是会有的。我们不应该以没时间学习为借口，不去学习。相反，正因为没时间学习，我们的生活中缺少了学习，所以更应该挤出时间来学习。

人生就像是逆水行舟，不进则退。社会在进步，科技在发展，新鲜的事物和知识不断涌现。如果我们不去学习，就有可能落后于时代。一开始可能并不能显现出什么，可时间久了，我们就会感觉到自己落伍了。

吕蒙是三国时期吴国的一员大将，虽然他很会打仗，可是学识并不渊博。孙权就对吕蒙说："你现在掌管事务，不能不学习啊！"吕蒙却说自己军务繁忙，没有时间去读书学习。孙权告诉他："你再忙能有我忙吗？我每天虽然很忙，但还是在坚持读书学习，并且收获很大。"

在孙权的要求下，吕蒙开始读书学习。后来，鲁肃见了吕蒙，和他一起讨论事情，发现他现在的才干和谋略相比之前都有了很大的进步，便开始对他刮目相看。

很多人和吕蒙一样，觉得自己每天都很忙，没有时间学习。殊不知，正是这样的观念阻碍了自己的进步。想要不断提升自己的价值，就应该不断地学习、进步。

那些优秀的人并不一定比别人更聪明，但他们往往比别人更爱学习。有人认为，一个人无论多么优秀，他只有一世的才情，而书中却有着百代的精华。知识是前人留给我们的瑰宝，学习可以让我们站在了巨人的肩膀上，而不学习会让我们丢弃这座宝库，全靠自己的力量，是不明智之举。

学习并不是学生的专利，也不是年轻人的专利，我们每个人都应该不断地学习，无论是在哪一个年龄段，无论是什么样的职业和身份。"少而好学，如日出之阳；壮而好学，如日中之光；老而好学，如炳烛之明。"

拿破仑被誉为"战争之神"，人们都知道拿破仑有很强的军事才能，对军事十分热爱，可能有些人不知道，除了爱好军事之外，拿破仑还是一个非常喜欢读书的人。小时候，当其他小孩都出去玩的时候，拿破仑就躲起来读书。在他家附近有一家小图书馆，他把里面的书全都读完了。行军打仗期间，拿破仑也在坚持读书，他曾下过一个命令："让驮行李的驴子和学者走在队伍中间。"

优秀的人往往都是热爱学习的，很多伟大的人物会在一生中坚持学习。拿破仑的军事才能被世人铭记，而他爱学习的习惯也值得我们每一个人效仿。

其实不仅是一个人，一个民族是否优秀，往往也能从这个民族对待学习的态度中看出来。犹太人是全世界公认的聪明人，他们对于书籍特别爱护，也特别爱读书学习。一本好书，能被他们当成非常贵重的礼物，甚至是传家宝。一个优秀的民族，往往是非常热爱学习的，而在学习的过程中，文化也得以保存和传递。

我们经常会说气质，不同的人气质往往不同。俗话说："腹有诗书气自华。"一个经常学习的人，他的气质往往是与众不同的。通过学习，我们不一定能够立竿见影地收到一些经济效益，但却能够丰富我们的知识库，提高我们的眼界与格局，充实我们的内心世界。

永远不要丢弃书本，永远不要忘记学习。人生是一个不断学习、不断提升自己价值的过程。只要我们还活着，就应该去学习。一个热爱学习的人，他的能力不会太差，他的格局不会太小，他的成就也不会太低。所以，去不断学习，去变得更加有价值，做一个更加优秀的人吧！

反思的深度，决定你的认知高度

人类之所以能够比其他动物更加优秀，很重要的一个原因就是，人类会不断思考，总结经验和教训，并取得进步。曾子说过一句名言："吾日三省吾身。"经常反思自己，能够让你的思想更加全面周到，提升你的认知高度，让你更加接近客观事实。

客观事实就在那里，但要真正看清楚客观事实并不容易。我们太容易出现错误的认知了，而我们又往往会认为自己的想法是正确的，别人的想法是错误的。如果不进行反思，我们就会一直错下去，这是很致命的。

要学会反思，首先要明白一点，那就是：我们要想真正认清一件事是很难的，我们经常会想错，会判断错。正因如此，我们才应该经常反思，通过反思来纠正自己的错误，提升自己的认知高度。

孔子带着众弟子周游列国，好几天没有吃过饭了。这一天，孔子的弟子颜回要到了一些米，回来就开始煮。孔子远远地看见颜回从锅里抓了一把吃了下去，但他假装没有看到，默默地走开了。过了一会儿，颜回说饭煮熟了，请孔子先吃饭。孔子说："我刚才做了一个梦，梦见祖先来找我。现在趁着还没有人吃过饭，饭是干净的，先拿来祭祀一下祖先吧。"颜回说："不行。刚才有灰掉到了饭里，我觉得丢掉太可惜，就抓起来吃了。"听了颜回的话，孔子说："我们都相信自己的眼睛看到的东西，但即使是亲眼见到的东西，也不一定是真的啊！"

俗话说："耳听为虚，眼见为实。"但即便是亲眼见到的事情，也不一定是真的。孔子如果没有询问颜回，就直接把颜回当成偷吃的人，那就错怪了颜回。我们对待一件事，也应该反复思考，不能轻易下结论。即便是下了结论，也要经常反思自己，有没有出错，如果有错，就要及时改正。

有人说，人会因为自己的无知而骄傲，也会坚定地认为自己的想法是正确的，而那些知识渊博的人反而会陷入困惑，会不敢轻易下结论。其实，无知使人无畏，浅薄也使人容易妄下断语。优秀的人往往是不敢轻易断言什么的，会反复调查、反复思考、反复琢磨。轻易得出的结论往往并不是正确的，我们要用实践去检验，要反思及改进。

在成长的过程中，我们经常会产生很多错误的想法和观念，这是成长路上不可避免的事。就像一棵树，要向上生长，就会长出很多横斜的枝杈。我们通过反思来发现自己的错误思想和观念，然后纠正它。这样我们才能长成参天大树，而不是像草一样平铺成一片。固执的人是很难明白反思的重要性的，他们之所以固执己见，很重要的一个原因就是不会反思。

反思说简单挺简单，说难也挺难的。原因在于，反思相当于推翻了自己以前的想法，就像是把过去的自己"杀死"一样，是要经历痛苦的。正如有些人犯了错误还死不承认一样，我们的想法错了，也有不少人打死也不愿意承认。这样的态度就很难真正进行反思，也很难提升认知高度。他们的观念和想法往往是片面的，错误和漏洞也会很多。

指出别人的错误比较容易，要看到自己的问题就很难。我们在反思的时候，可以从别人的话语中去获得借鉴，也可以从别人的行为中得到启示。唐太宗说过："以人为镜可以明得失。"我们从别人口中可以看到更真实的自己，然后反思自己。如果别人不给我们提意见呢？我们可以将别人作为参照，用他们的行为来反推自己的行为。

李白小时候非常贪玩，不喜欢学习。有一次，他出去玩，看到一个老婆婆在磨一根铁棒。李白很奇怪，就问道："老婆婆，你这是在干什么啊？"老婆婆回答说："我要用它磨一根绣花针。"这给李白带来了很大的触动，他开始反思自己，认为自己应该像这个老婆婆一样坚持不懈。后来，他发奋学习，最终成为我们所熟知的伟大诗人。

李白就是通过他人的行为来反思自己，改正了自己的错误。我们要反思自己，其实就应该在平时多思考。无论是别人对我们不经意的一个评价，还是别人的一些行为，都有可能让我们醍醐灌顶。

反思是一种主动提升自己的方法，我们要有意识地去推翻以前的自己，让自己的思想得到提升，让自己的认知更有深度。反思是需要勇气的，这种勇气是承认错误的勇气。因此，能够经常反思的人是优秀的人，也是勇敢的人。

深刻的人不会轻易下结论，也不会固执地守着自己的观点。他们会不断调查和思考，不断反思自己的观念和认知。在漫长的人生中，我们应该随时随地反思自己，纠正自己片面的观点和错误的认知，抓住事物的本质，看清事实的真相，变得越来越优秀，越来越深刻。

不断反思自己，我们的格局也会变得更大。因为我们不再固执己见，也不怕承认错误。我们每天都在反思自己，不断否定过去的自己，当别人给我们提意见时，我们不会反感，还会感谢。因此，一个经常反思的人，也是从善如流的人，他的进步会比其他人更快，他也会变得越来越强大。

每个超越极限的人都能站上人生巅峰

超越极限不仅仅是一种行为，更是一种信念。当我们有向自己的极限挑战的信心和决心时，我们就能够爆发出强大的力量，将原本看似不可能实现的事变成现实。

有人做过这样一个实验：将老鼠放到一个装满水的桶里，老鼠一般会在15分钟左右沉下去，即使是一只很会游泳的老鼠也无法坚持太久。然后，他又做了一次实验。同样还是把老鼠放到装满水的桶里，但这一次他在老鼠筋疲力尽想要放弃时，把老鼠从水里捞出来，放到一边晾干，并让老鼠休息一会儿，然后再将老鼠放回水桶当中。这一次，老鼠一直在坚持着，它相信会有人再次将它捞起来。这一次，老鼠在水中坚持了几十个小时。

这个实验数据让人感到震惊，从15分钟到几十个小时，这差距也太大了。老鼠的体能极限是几十个小时，然而，如果没有被救过的经历，15分钟左右它们就游不动了。人又何尝不是如此呢？如果我们自认为一件事已经没有了希望，自认为已经到达了自己的极限，就会选择放弃，哪怕离自己真正的极限还很远。

我们所认为的极限并不一定是我们真正的极限。因此，我们应该有超越极限的想法和勇气。我们应该不断挑战自己的极限，突破自己，变得更强。

人生没有什么是不可能的，也不应该去设置极限。我们只管向上走，去突破自我，去挑战更高。

超越极限的人在能力方面不一定是最强的人，但在精神方面则是一个巨人。拥有超越极限的信念，就能做出常人无法做出的事，取得常人无法取得的成就，最终站上人生的巅峰。

海伦·凯勒很小的时候就因为一场大病失去了视觉和听觉，但她没有放弃自己，而是不断地突破极限，不仅学会了很多事情，还成为一名作家。她考入了哈佛大学，并且还去给人们做演讲，用自己的经历激励和鼓舞其他人。

海伦·凯勒没有向命运屈服，她用自己的顽强意志战胜了命运，超越了自己的极限。这是很多普通人无法达到的成就，不由得让人敬佩不已。所以，我们还有什么理由不努力突破极限，让自己变得更优秀呢？

"宝剑锋从磨砺出，梅花香自苦寒来。"要超越极限，当然不会一帆风顺，往往要经历很多的困难，甚至可以称之为磨难。但是，当我们突破了自己，做出了更高的成就，之前的一切努力和艰辛都是值得的。

那些超越极限，做出令人惊讶的事情的人，往往都是不畏艰难的。既然要攀登险峰，要一览众山小，就不能害怕路上的艰难和危险。实际上，艰苦奋斗应该成为我们每个人的座右铭。我们不能怕吃苦，因为如果怕吃苦，我们就很难取得成就。

人生没有不苦的，只不过苦的形式不同而已。有些苦是物质方面的苦，而有些苦则是精神层面的苦。怕吃苦可能会苦一辈子，不怕吃苦，努力超越极限，让自己获得成长，可能只会苦一阵子。

拿破仑是非常著名的军事家，有一次，他带领队伍去打仗。在一座非常险峻的大山面前，他问部下，部队能不能从这座山上过去。部下告诉他，想要通过这座山非常困难，也非常危险，几乎不太可能，不过这也不是绝对的。拿破仑当即决定，部队从这座山通过。

于是，战士们开始翻山越岭，从高高的山脉上穿行而过。当这支部队越过高山，突然出现在敌军面前时，敌军以为他们是神兵天降，很快就缴械投降了。

能够超越极限的人，总是会出人意料，做出令人惊叹的事情。那些别人认为不可能的事，在敢于超越极限的人看来并不是不能实现的。

世界上本没有什么不可能，当我们认为那是极限时，它才变成了不可能。我们应该有超越极限的勇气，有不怕困难的决心，突破那些看似不可能的极限。这样我们才能不断进步，不断蜕变。从此，我们将变得越来越强大，最终站上人生巅峰。